国家“十三五”重点研发计划资助项目
（项目编号：2018YFC0705100）

绿色公共建筑光环境提升技术应用指南

叶谋杰　胡国霞　瞿　燕　夏　麟　**编著**

同濟大學出版社
TONGJI UNIVERSITY PRESS

图书在版编目(CIP)数据

绿色公共建筑光环境提升技术应用指南 / 叶谋杰等编著. --上海: 同济大学出版社,2021.8
ISBN 978-7-5608-9852-0

Ⅰ.①绿… Ⅱ.①叶 … Ⅲ.①公共建筑-生态建筑-建筑照明-照明设计-指南 Ⅳ.①TU113.6-62

中国版本图书馆 CIP 数据核字(2021)第 150636 号

绿色公共建筑光环境提升技术应用指南

叶谋杰 胡国霞 瞿 燕 夏 麟 编著

责任编辑 朱 勇
责任校对 徐春莲
封面设计 陈益平
出版发行 同济大学出版社 www.tongjipress.com.cn
(地址:上海市四平路 1239 号 邮编:200092 电话:021-65985622)
经 销 全国各地新华书店
印 刷 上海安枫印务有限公司
开 本 787mm×1092mm 1/16
印 张 7.75
字 数 193 000
版 次 2021 年 8 月第 1 版 2021 年 8 月第 1 次印刷
书 号 ISBN 978-7-5608-9852-0
定 价 78.00 元

编委会

前 言

随着中国新型城镇化建设不断推进，绿色建筑工业化成为我国建筑业的发展方向，“宜居”也成为建筑行业发展过程中应遵循的重要原则。照明环境是人居环境的重要组成部分，良好的照明品质不仅要重视空间的视觉表达，更要有利于人的活动安全、高效率工作和舒适生活。照明工程的评价指标也从单纯地提高视觉功能、节约能源，扩展到全面关注人生理和情绪各项需求的健康性要求。如今，随着 LED 照明及智能控制技术的高速发展和光环境健康理念的更新与完善，国家“十三五”重点研发计划将建筑节能和室内环境保护列为关键方向。

“公共建筑光环境提升关键技术研究及示范”项目属于国家“十三五”重点研发计划绿色建筑与建筑节能方向。该项目基于“理论突破—技术创新—标准引领—示范推广”的研究理念，开展了照明建筑一体化、智能照明、健康照明等关键技术研究，并进行公共建筑光环境提升技术集成应用示范，最终提出适合我国的绿色公共建筑光环境提升应用模式。该模式基于健康照明需求，为公共建筑提供智能化照明解决方案，从而全面提升公共建筑光环境舒适性和照明系统综合节能效益。

本书基于“公共建筑光环境提升关键技术研究及示范”项目，在健康、智能化、一体化等课题研究成果的基础上，提出围绕光环境提升目标的适用性技术路径、设计流程、适用范围、技术指标和技术要点，形成一套可用于光环境质量提升的技术指南。本书可用于指导工程技术人员开展基于 LED 照明技术的新建及既有公共建筑光环境提升项目的咨询策划、工程设计、项目评价和工程实施，也可用于公共建筑光环境提升项目推广计划的技术指导。

本书实用性较强，对其中关键技术的设计要点、设计流程进行了详细阐述。限于编者水平，书中若有不当和疏漏之处，恳请读者批评指正。

编　者

2021年7月

目 录

1 总则篇

1.1
照明等级目标

基于《绿色照明检测及评价标准》(GB/T 51268—2017)、《绿色建筑评价标准》(GB/T 50378—2019)和《建筑照明设计标准》(GB 50034—2013)建立评价要求，分为一星级、二星级和三星级。一星级评价标准为满足以上三个标准中涉及的光环境评价条文规定指标；二星级评价标准为不同场景中光环境整体满意度从“不满意”提升为“中性”所要满足的客观指标；三星级评价标准为不同场景中光环境整体满意度从“中性”提升为“满意”所要满足的客观指标。

1.2 实施技术路径

1.2.1 办公建筑不同评价等级指标要求(表 1-1)

表 1-1 办公建筑光环境等级评价体系

指标		星级评价		
		★	★★	★★★
办公室	水平照度	≥300 lx	≥300 lx	≥300 lx
	水平照度均匀性	≥0.6	≥0.6	≥0.8
	垂直照度与水平照度之比	—	≥1∶4	≥1∶3
	显色指数	R_a≥80 R_9>0	R_a≥80 R_9>20	R_a≥90 R_9>40
	光源色温	3 300～5 600 K	3 300～5 600 K	3 300～5 600 K 可调
	SVM	≤1.3	≤1.3	≤0.4
	生理等效照度	—	—	≥300 lx
	UGR	≤19	≤19	≤19
	空间亮度分布	—	空间亮度系数≥10	空间亮度系数≥15
	控制策略	分区控制	分区控制 调光控制	分区控制 调光调色 存在感应 采光联动 作业调整
会议室	水平照度	≥300 lx	≥300 lx	≥300 lx
	水平照度均匀性	≥0.6	≥0.6	≥0.8
	垂直照度与水平照度之比	—	≥1∶4	≥1∶3

（续表）

指标		星级评价		
		★	★★	★★★
会议室	显色指数	R_a≥80 R_9>0	R_a≥80 R_9>20	R_a≥85 R_9>40
	光源色温	3 300～5 600 K	3 300～5 600 K	3 300～5 600 K 可调
	SVM	≤1.3	≤1.3	≤0.4
	生理等效照度	—	—	≥300 lx
	UGR	≤19	≤19	≤19
	控制策略	群组控制	群组控制 调光控制 模式控制	群组控制 模式控制 调光调色
走廊	地面照度	≥50 lx	≥50 lx	≥100 lx
	地面照度均匀性	≥0.4	≥0.6	≥0.7
	显色指数	≥60	≥60	≥80
	SVM	—	—	≤1.3
	UGR	≤25	≤22	≤22
	空间亮度分布	—	—	空间亮度系数≥10
	控制策略	分区控制	分区控制 时序控制	分区控制 时序控制 存在感应

说明：参评时，节能率需达到60%及以上。

(1) 一星级是《建筑照明设计标准》(GB 50034—2013)的强制要求。

(2) 二星级是《绿色建筑评价标准》(GB/T 50378—2019)和《绿色照明检测及评价标准》(GB/T 51268—2017)的要求。

(3) 当满足二星级全部要求后，可以参评三星级。当室内照明为直接照明时，采用UGR指标；当室内照明为间接照明时，采用空间亮度分布指标。

1.2.2 教育建筑不同评价等级指标要求(表 1-2)

表 1-2 教育建筑光环境等级评价体系

指标		星级评价		
		★	★★	★★★
教室	垂直照度与水平照度之比	—	≥1∶4	≥1∶2
	显色指数	R_a≥80 R_9>0	R_a≥80 R_9>20	R_a≥90 R_9>40
	光源色温	3 300～5 600 K	3 300～5 600 K	3 300～5 600 K 可调
	SVM	≤1.0	≤1.0	≤0.4
	生理等效照度	—	—	≥250 lx
	UGR	≤19	≤19	≤19
	空间亮度分布	—	空间亮度系数≥10	空间亮度系数≥15
	控制策略	群组控制	群组控制 调光控制 模式控制	群组控制 模式控制 调光调色 存在感应

说明：参评时，节能率需达到 60%及以上。

(1) 一星级是《建筑照明设计标准》(GB 50034—2013)的强制要求。

(2) 二星级是《绿色建筑评价标准》(GB/T 50378—2019)和《绿色照明检测及评价标准》(GB/T 51268—2017)的要求。

(3) 当满足二星级全部要求后，可以参评三星级。当室内照明为直接照明时，采用 UGR 指标；当室内照明为间接照明时，采用空间亮度分布指标。

1.2.3 医疗建筑不同评价等级指标要求(表 1-3)

表 1-3 医疗建筑光环境等级评价体系

指标		星级评价		
		★	★★	★★★
病房	地面照度均匀性	≥0.6	≥0.6	≥0.8
	垂直照度与水平照度之比	—	≥1∶4	≥1∶4
	显色指数	R_a≥80 R_9>0	R_a≥80 R_9>20	R_a≥85 R_9>20
	光源色温	3 000～5 000 K	3 000～5 000 K	3 000～5 000 K 可调
	SVM	≤1.0	≤1.0	≤0.4
	UGR	≤19	≤19	≤19
	灯具平均亮度	≤1 000 cd/m^2	≤1 000 cd/m^2	≤1 000 cd/m^2
	控制策略	分区控制	分区控制 调光控制 时序控制 重点照明	分区控制 时序控制 重点照明 调光调色 存在感应
护士站	水平照度	≥300 lx	≥300 lx	≥300 lx
	地面照度均匀性	—	—	≥0.8
	垂直照度与水平照度之比	—	≥1∶4	≥1∶4
	显色指数	R_a≥80 R_9>0	R_a≥80 R_9>20	R_a≥85 R_9>20
	光源色温	3 300～5 600 K	3 300～5 600 K	3 300～5 600 K 可调
	SVM	≤1.6	≤1.0	≤0.4
	UGR	—	≤22	≤22
	控制策略	分区控制	分区控制 调光控制	分区控制 调光调色 存在感应

（续表）

指标		星级评价		
		★	★★	★★★
走廊	地面照度	≥100 lx	≥100 lx	≥150 lx
	地面照度均匀性	≥0.6	≥0.6	≥0.8
	光源色温	≤5 000 K	3 000～5 000 K	3 000～5 000 K 可调
	显色指数	≥80	≥80	≥85
	SVM	—	—	≤1.3
	UGR	≤22	≤19	≤19
	空间亮度分布	—	—	空间亮度系数≥10
	控制策略	分区控制	分区控制 时序控制 调光控制	分区控制 时序控制 调光调色 存在感应

说明：参评时，节能率需达到60%及以上。

（1）一星级是《建筑照明设计标准》（GB 50034—2013）的强制要求。

（2）二星级是《绿色建筑评价标准》（GB/T 50378—2019）和《绿色照明检测及评价标准》（GB/T 51268—2017）的要求。

（3）当满足二星级全部要求后，可以参评三星级。当室内照明为直接照明时，采用UGR指标；当室内照明为间接照明时，采用空间亮度分布指标。

1.2.4 商业建筑不同评价等级指标要求（表1-4）

表1-4 商业建筑光环境等级评价体系

指标		星级评价		
		★	★★	★★★
大厅	显色指数	R_a≥80 R_9>0	R_a≥80 R_9>20	R_a≥85 R_9>40
	光源色温	3 300～5 600 K	3 300～5 600 K	3 300～5 600 K 可调
	SVM	—	≤1.6	≤1.3

（续表）

指标		星级评价		
		★	★★	★★★
大厅	UGR	≤22	≤19	≤19
	控制策略	分区控制	分区控制 调光控制 时序控制	分区控制 时序控制 调光调色 存在感应
走廊	地面照度均匀性	≥0.4	≥0.6	≥0.6
	垂直照度	—	≥50 lx	≥50 lx
	显色指数	≥60	≥60	≥85
	光源色温	≤6 000 K	3 300～5 600 K	3 300～5 600 K 可调
	SVM	—	—	≤1.3
	UGR	≤25	≤22	≤22
	控制策略	分区控制	分区控制 时序控制 调光控制	分区控制 时序控制 调光调色 存在感应
超市	地面照度	≥200 lx	≥200 lx	≥300 lx
	地面照度均匀性	≥0.4	≥0.4	≥0.6
	光源色温	≤6 000 K	≤6 000 K	3 300～5 600 K 可调
	显色指数	R_a≥80 R_9>0	R_a≥80 R_9>20	R_a≥85 R_9>40
	SVM	—	—	≤1.3
	UGR	≤22	≤19	≤19
	空间亮度分布	—	—	空间亮度系数≥10
	控制策略	分区控制	分区控制 调光控制	分区控制 调光调色 存在感应

说明：参评时，节能率需达到60%及以上。

（1）一星级是《建筑照明设计标准》（GB 50034—2013）的强制要求。

（2）二星级是《绿色建筑评价标准》（GB/T 50378—2019）和《绿色照明检测及评价标准》（GB/T 51268—2017）的要求。

（3）当满足二星级全部要求后，可以参评三星级。当室内照明为直接照明时，采用UGR指标；当室内照明为间接照明时，采用空间亮度分布指标。

1.2.5 酒店建筑不同评价等级指标要求(表 1-5)

表 1-5 酒店建筑光环境等级评价体系

指标		星级评价		
		★	★★	★★★
客房	床头照度	⩾150 lx	⩾150 lx	⩾150 lx
	水平照度	⩾300 lx	⩾300 lx	⩾300 lx
	水平照度均匀性	⩾0.4	⩾0.4	⩾0.6
	垂直照度与水平照度之比	—	⩾1 : 4	⩾1 : 3
	显色指数	R_a⩾80 R_9>0	R_a⩾80 R_9>20	R_a⩾85 R_9>40
	SVM	⩽1.6	⩽1.0	⩽0.4
	UGR	—	⩽22	⩽22
	控制策略	分区控制	分区控制 调光控制	分区控制 调光调色 存在感应
大堂	地面照度	⩾200 lx	⩾200 lx	⩾300 lx
	地面照度均匀性	⩾0.4	⩾0.4	⩾0.6
	垂直照度	—	⩾50 lx	⩾100 lx
	显色指数	R_a⩾80 R_9>0	R_a⩾80 R_9>20	R_a⩾85 R_9>40
	SVM	⩽1.6	⩽1.6	⩽1.0
	UGR	—	⩽22	⩽22
	控制策略	分区控制	分区控制 调光控制 时序控制	分区控制 时序控制 调光调色 存在感应
走廊	显色指数	⩾80	⩾80	⩾80
	SVM	—	—	⩽1.3
	UGR	⩽25	⩽22	⩽22

（续表）

指标		星级评价		
		★	★★	★★★
走廊	空间亮度分布	—	—	空间亮度系数≥10
	控制策略	分区控制	分区控制 调光控制 时序控制	分区控制 时序控制 调光调色 存在感应

说明：参评时，节能率需达到60%及以上。

(1) 一星级是《建筑照明设计标准》(GB 50034—2013)的强制要求。

(2) 二星级是《绿色建筑评价标准》(GB/T 50378—2019)和《绿色照明检测及评价标准》(GB/T 51268—2017)的要求。

(3) 当满足二星级全部要求后，可以参评三星级。当室内照明为直接照明时，采用UGR指标；当室内照明为间接照明时，采用空间亮度分布指标。

1.3
节能量计算方法

1.3.1 节能率 ξ_L 计算公式

$$\xi_L = \frac{W_0 - W_e}{W_0} \times 100\%$$

式中，W_0——年基准照明耗电量[kW·h/(m^2·a)]，参照《绿色照明检测及评价标准》(GB/T 51268—2017)，根据示范项目各功能房间基准值不同，实际计算需要采用加权照明耗电量基准值；

W_e——年实际照明耗电量[kW·h/(m^2·a)]，为照明运行耗电量 W_{LT} 与照明控制系统运行耗电量 W_{Pt} 之和。

1.3.2 加权照明耗电量基准值

根据示范区域照明功能房间不同，采用加权法计算整个示范项目加权照明耗电量基准值。

(1) 根据示范区域房间功能，参照《绿色照明检测及评价标准》(GB/T 51268—2017)附录 B，查询各功能区域照明耗电量基准值。

(2) 各功能房间面积比

$$f = \frac{\text{同功能房间面积}}{\text{总示范面积}}$$

(3) 加权照明耗电量基准值：分别计算各功能房间的面积比 f 与其对应的照明耗电量基准值的乘积再累加。

1.3.3 照明运行耗电量 W_{LT} 计算

$$W_{LT}=\sum\{(P_n\times F_c\times A_j)\times[F_D\times R\times t_D+(1-R)\times t_D+t_N]\}/(1\,000\times A)$$

式中，A——总示范面积(m^2)；

A_j——房间面积(m^2)；

P_n——房间照明功率密度(W/m^2)；

F_c——恒照度系数，恒照明取 1.0，非恒照明取 0.9；

t_D——白天运行时间(h)；

t_N——夜间运行时间(h)；

R——采光达标面积比；

F_D——采光依附系数，手动控制取 0.7，自动控制取 0.3。

1.3.4 照明控制系统运行耗电量 W_{Pt}

$$W_{Pt}=\sum[P_{pc}\times(t_y-t_D-t_N)+P_{em}\times t_e]/(1\,000\times A)$$

式中，P_{pc}——寄生功率(W)；

t_y——全年时间(h)，取 8 760 h；

P_{em}——应急照明功率(W)；

t_e——应急照明时间(h)。

2 技术篇

2.1 照明建筑一体化

2.1.1 技术概况

1. 技术描述

照明建筑一体化是指照明产品基于建筑本体隐藏式结合设计，满足照明功能效果需求的同时，最大程度上减小对装饰、吊顶、墙体的外在影响，真正实现融为一体。传统的照明产品如白炽灯、支架灯、吊灯、吸顶灯、壁灯、落地灯等，采用的设计方式均为独立模块设计，一般以明装形式安装于吊顶、墙体表面上；这些照明产品与建筑结构本身各自独立，相互之间基本无关联。在外观结构方面，传统灯光在外形上与建筑本身存在一定差异，甚至会占用一定的室内空间，影响空间结构。在节能环保方面，因常规灯具标准化设计，非因地制宜，故功率、光强方面均存在浪费、不匹配的问题。所谓“见光不见灯”，是一种含而不露的设计风格。从照明技术角度讲，是指灯具暗藏，看得到光，但不能直视到灯具的存在，以点、线、面光为表现；从建筑设计角度讲，就是建筑本体与采光/照明一体化了。照明建筑一体化是在 LED 照明日益普及的当下，因 LED 本身灵活、小巧、易控的结构特点，更容易满足定制化的需求，而产生的一种从照明效果设计出发的设计模式与思路。

在 LED 照明蓬勃发展、技术不断革新的今天，LED 照明产品日新月异，除满足常规灯具开发需求外，在细分市场领域，照明建筑一体化产品也得到了迅速的发展。人们对照明实现效果、照明实现方式方法的需求越来越讲究其细腻性，通过对应用场景的深入研究与巧妙构思，为实现预期效果而在产品隐藏、与建筑融为一体、直接替代建筑材料方面进行各式各样的定制化开发与设计。

照明建筑一体化的设计主要表现为：①以“发光单元”为设计对象，解析其外观形态与接口构造特征；②提出对应性能、界面、功能和安装四个层级的有机结合方式，以此为一体化的解决途径；③提出空间亮度规划策略，并先于工作面照度设计开展，以此为一体化设计流程；④填补了目前设计在光源选型、照明布置、照明质量、照明节能以及照明集成与一体化安装层面的方法缺失，旨在实现照明与建筑的设计集成、构件集成、功能集成、安装集成、信息集成。

2. 技术特点

照明建筑一体化的设计考量主要从材料、结构、电子、光学、控制、接口构造、节能等方面进行创新，使照明产品更好地与建筑本身相结合。

1）材料

随着 LED 芯片小型化的发展，其尺寸更加小巧，同时光效提升、散热要求降低；随着石墨烯等新型导热技术的发展，大尺寸铝基、铜基散热器的需求得以降低，可以用于散热器加工制作的材料更加丰富多样。这都使得照明产品与不同装饰材料之间的结合更加方便，金属、石材、陶瓷、石膏板、玻璃、塑料等各类型建筑材料均可以设计成照明产品的一部分，轻松融入建筑装饰中。照明建筑一体化的主要特点之一就是照明产品可以采用各类型的材料加工而成，更加多样化。

2）结构

由于 LED 芯片的小型化，灯体设计也更加地灵活，结构尺寸规格不再受到限制。照明产品可以根据建筑装饰特点更加小巧化设计，造型可以完全按照装饰面的需求，嵌入、融入、替代式地设计。照明建筑一体化的主要特点之一就是其结构造型的千变万化，灯具不再仅仅只是灯具，可以是装饰，可以是雕塑，也可以是建筑本身，这赋予了照明产品无穷的可塑性。

3）电子

相对于传统照明产品，采用半导体材料的 LED 是一种更电子化的产品，芯片规格的多样性也赋予了其电路设计的无穷方式，各种功率段的需求、各种光效的需求均可以通过电路设计实现。PCB 板技术的发展，促进了电路板外形规格的多样性，从而更能匹配结构造型的特定需求。光源电子化的发展，也促进了照明建筑一体化的发展。

4）光学

LED 芯片的原始发光角度是固定的，二次配光的需求就十分必要了。随着 LED 应用技术的不断提升，光学技术也得到了全面的发展。针对 LED 照明产品的配光方式包括独立透镜、一体化透镜、反射器、反射板等，通过不同光学实现手法，LED 照明产品可以达到预期的灯光效果，满足光效需求。光学技术的发展，使得照明产品更容易达到更好的塑光、更精准的配光，更能发挥建筑一体化发光单元外观形态的特征优势，实现多视觉任务空间各工作面照度分布要求和多空间组合序列组织的空间亮度分布要求，使得光可以更好地着落在需要的节点上。

5）控制

LED的一个重要特点就是其可控性。随着控制技术的发展，驱动LED芯片的控制IC在精度和细腻度上都有了更好的发展，解决了低灰阶和频闪等问题，使得LED的应用更健康、更舒适，更能满足功能照明的需求。照明建筑一体化的一个主要特点也就是可控性，包含了亮度的自适应调节、人体感应控制、色温控制等，满足了人们对光的多重需求。

6）接口构造

建筑一体化发光单元要求接口模块化、连接构件预埋。模块化接口与空间构件模数统一，以实现与建筑构件、设施一体化安装；连接构件（如卡扣、磁吸轨道）预埋，实现发光单元的拆装方便、移动灵活。

7）节能

LED照明产品较之传统照明产品在光效方面已有了极大的提升。随着照明建筑一体化的发展，对照明产品的应用更加极致，包括：在布置的选择上更能把握对光的需求点；针对照度需求更精准化地选择光源功率，不产生浪费；通过控制来实时调节亮度值，高效利用照明产品。照明建筑一体化通过各种细节的优化，促成了更高标准的节能。

3. 技术内容

1）照度

照度是指入射在包含该点的面元上的光通量 $d\Phi$ 除以该面元面积 dA 所得之商。

$$E = d\Phi / dA$$

单位为勒克斯（lx），$1\ \text{lx} = 1\ \text{lm/m}^2$。

2）照度均匀度

照度均匀度是指规定表面上的最小照度与平均照度之比。

$$U_0 = E_{min} / E_{av}$$

光线分布越均匀，照明环境越好，视觉感受越舒服。

3）建筑一体化发光单元

建筑一体化发光单元是指包括控制装置、散热装置、光学元件及相关构件，并与建筑构配件结合为一体的发光装置，简称发光单元。

4）线发光单元

长度与截面最大尺寸之比大于8的长条形发光单元。

5）面发光单元

通过扩散部件或反射部件形成发光面的发光单元。

6）点发光单元

点状发光，可作为像素组合实现文字或视频动画显示效果的发光单元。

7）表面亮度

垂直于一体化单元发光面的亮度值。

8）空间亮度系数 F_{eu}

空间亮度系数是对空间明亮感觉进行评价的指标，是根据人的视觉规律计算视线内亮度的几何平均值。

当空间亮度分布均匀、空间亮度系数较高时，不需要较高的水平照度就可以达到较亮的视觉感受，对于节能也较为有利。同时公共建筑的一般性功能房间中，整体明亮感觉太低时，会造成压抑的感觉，不利于工作和行为开展，因此整体明亮程度应达到一定的水平。各场所的空间亮度系数应不小于表 2-1 中的要求。

表 2-1　各场所的空间亮度系数

使用场所	空间亮度系数
办公、会议、教室等	10/16
走廊、楼梯间、电梯厅等	8/13
大堂等	6/10
商业等	12/20

9）照明功率密度(LPD)

单位面积上的照明安装功率(包括光源、镇流器或变压器)，单位为瓦特每平方米(W/m^2)。

照明节能应采用一般照明的照明功率密度限值作为评价指标。

4. 技术分类

照明建筑一体化是对应性能、界面、功能、安装四个层级的照明与建筑的有机结合，是初级一体化到深度一体化的过渡，本质是对光源与空间属性界限的弱化，旨在落实精准配光，解决照明布置问题。

1）照明建筑一体化有机结合方式

(1) 装饰/互动集成：发光单元及光影具有装饰性和互动性，可细分为以下三类。

① 装饰性构件：是指发光单元的外观形态及其光影极具装饰性，形成较强的空间

装饰效果。

② 静态标识设施：是指发光单元为标识系统组成部分。

③ 动态互动设施：是指发光单元具有智能感应功能，具备动态互动效果。

(2) 构件集成：发光单元与建筑构件共界面，可分为以下三个等级。

① 融合：是指发光单元与空间其他构件的界面设计元素统一。

② 隐藏：旨在“见光不见灯”，但区别于传统间接照明，隐藏光源的物体(藏体)如构件、家具等，也应是照亮对象，直射光照亮藏体，间接光照亮空间，有利于提高用能效率。

③ 嵌入：是指发光单元开启电源时提供功能性照明，关闭电源时为构件界面。

(3) 功能集成：发光单元与声学、热工、导引和家具、家装设施的耦合，包括以下七大类。

① 声光耦合：是指发光单元或其组成部分为声学性能材料。

② 光热耦合：是指发光单元与空调进出风口、排烟设施等热工设备集成。

③ 嵌入标识设施：是指标识在自亮的同时补充环境照明。相较于静态标识，照明嵌入标识系统兼具标识与照明功能。

④ 融入交通流线：是指发光单元沿交通流线布置，照亮交通空间同时，利用趋光性本能，兼具空间引导功能。

⑤ 嵌入家具：是指空间重要家具，如休息区域桌椅、书店书架、商场展台等，为空间的重点照明对象。区别于传统的被照亮方式，照明嵌入家具在自亮的同时，溢散光补充环境照明。

⑥ 嵌入家装：是指空间必要家装，如盥洗室镜子、纸巾盒，墙角阳角保护板、防撞条等，也是需要照亮或强调的对象。同照明嵌入家具，区别于传统的被照亮方式，使用小功率光源的照明嵌入家装在自亮的同时，溢散光补充小区域环境照明，精准照明而节能的同时，优化空间氛围。

⑦ 嵌入天然采光设施：是指照明与天然采光设施协同布置，如布置于采光洞口、遮阳系统、导光管等，达到光源出光一致、节约空间的效果。

(4) 施工集成：发光单元与上述构件、设施的一体化安装，且拆改便捷，其具有以下三类特征。

① 柔性：是指发光单元形状可任意更改、裁剪，适应多变空间，便捷安装。

② 模块化：是指发光单元外观及接口与空间构件模数统一，以高效适配空间形式。

③ 接口预埋：是指发光单元与建筑构件、设施的连接构件(如卡扣、磁吸轨道)预埋，实现发光单元的拆装方便、移动灵活。

照明建筑一体化有机结合方式如图 2-1 所示。

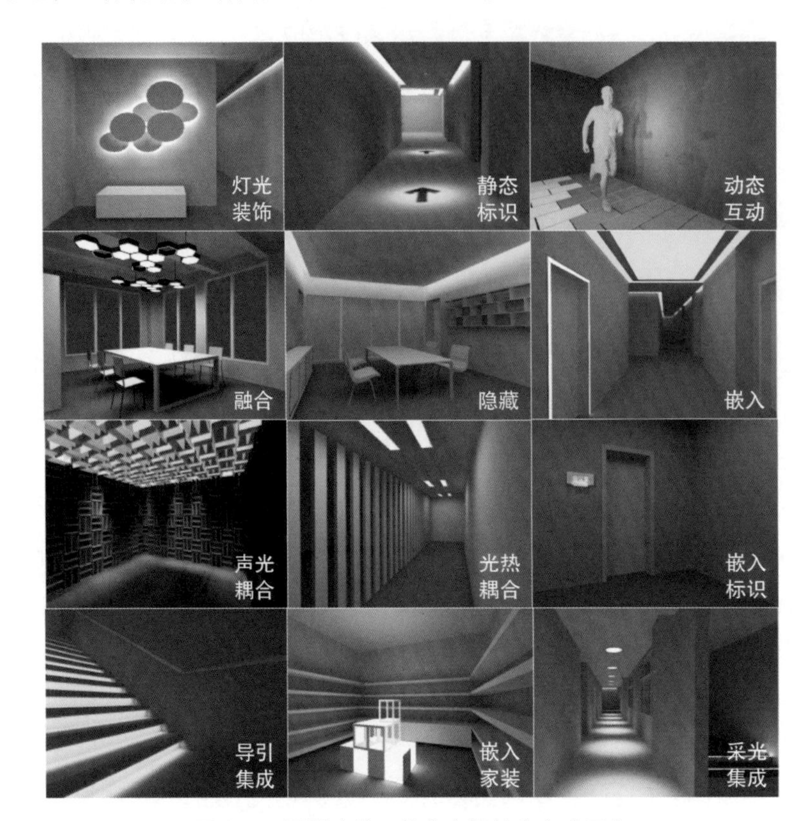

图 2-1　照明建筑一体化有机结合方式示意

2) 照明建筑一体化的具体应用

(1) 照明产品的嵌入式应用

照明建筑一体化的最初形态基本就是嵌入式的筒灯、射灯、踢脚灯等的应用。照明产品的嵌入式应用使得灯具在建筑本体中不再显得突兀，而是与建筑有了比较好的结合，尤其是无边框的嵌入式照明产品的出现使得这种一体化更加成功。为了更好地实现照明建筑一体化，嵌入式照明产品需要在几个方面创新，包括超窄边框乃至无边框的应用，灯体、光学反射器与所嵌入建筑结构周边在材质、色泽方面的结合度，防眩指数的要求等。典型应用如图 2-2 所示。

(2) 照明产品的隐藏式应用

照明建筑一体化最常规的应用是照明产品的隐藏式应用。尤其以天花吊顶隐藏灯带的应用最为多见，可用于空间层次的打造。隐藏式安装灯带将天花板照亮，可以降低天花板较低的空间所形成的压迫感，实现宛如天窗一般的展示效果，但应用时须注意以下几点：照明器具的装设位置与照射面若是太过接近，则只有跟光源接近的部

图 2-2 嵌入式安装照明产品的典型应用

分会被照亮，无法形成美丽的渐变层；与经过褪光处理且色泽明亮的天花板比较容易搭配；天花板若是有光泽存在，有可能因为反射让照明器具形成倒影，搭配起来并不合适；遮光板的高度必须与灯具的高度相同或是高过灯具 5 mm 左右。除了在天花的隐藏式应用外，在墙壁上的凹槽、洗手间的凹龛等均可以采用隐藏式应用来实现照明建筑一体化。典型应用如图 2-3 和图 2-4 所示。

图 2-3 天花吊顶隐藏式安装照明产品的典型应用

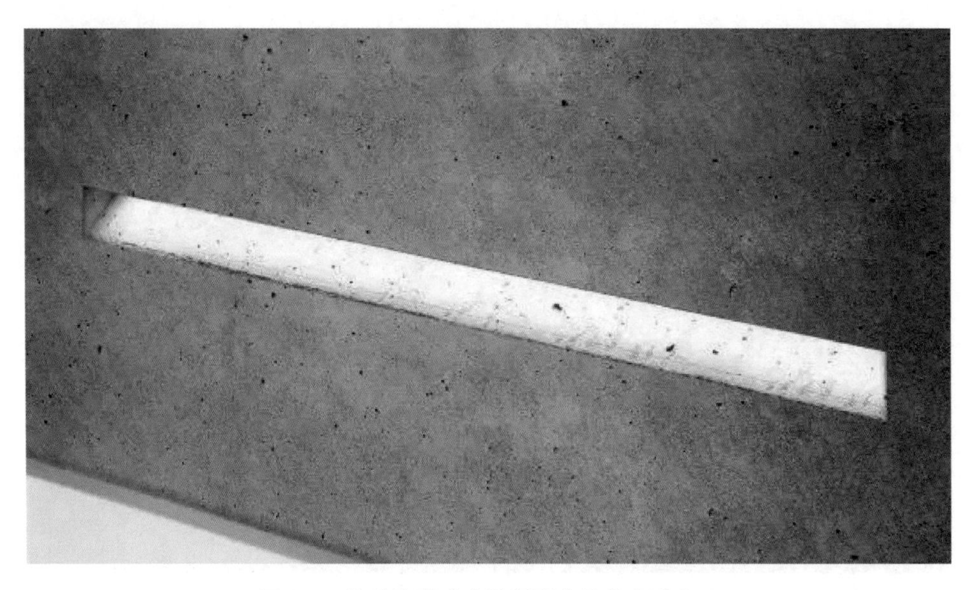

图 2-4　墙壁隐藏式安装照明产品的典型应用

(3) 照明产品的结合式应用

照明建筑一体化的关键要素就是结合，而与建筑材料结合的照明产品是照明建筑一体化的一种良好发展，包括了与扶手、栏杆结合的灯具，与衣柜、书架结合的灯具，与新风系统结合的灯具等。照明产品的结合式应用主要是与装饰材料的合二为一，可以在建筑装饰材料生产加工时即将光源结合加入，或者是建筑装饰材料预留好结合面，在现场安装时再将照明产品高匹配度安装于建筑装饰材料内。这种应用的好处是光源与建筑装饰材料完美贴合，因在设计初即已考虑结合问题，故产品不显突兀，能更好地融为一体，在观感上更加自然。典型应用如图 2-5～图 2-7 所示。

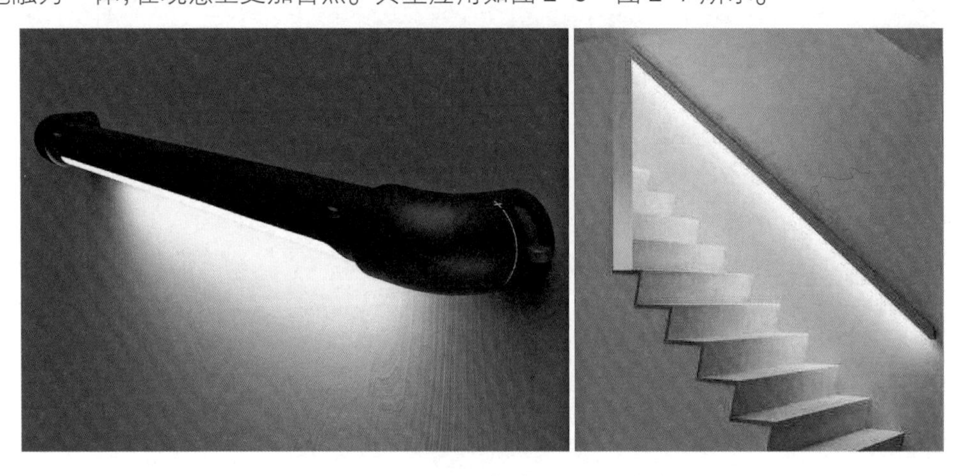

图 2-5　与扶手、栏杆等结合的照明产品的典型应用

图 2-6 与衣柜、书架等结合的照明产品的典型应用

图 2-7 与新风系统等结合的照明产品的典型应用

(4) 照明产品的替代式应用

替代式应用，顾名思义，就是直接取代装饰材料，将照明产品本身设计成建筑装饰材料。这可以说是照明建筑一体化的高阶应用，照明产品即建筑装饰本身。替代式应用通常用于集成吊顶，将照明产品设计成集成吊顶的一部分，直接替代集成吊顶模块本身或吊顶龙骨，或是直接替代方通格栅吊顶。相较于与新风系统的结合式照明应用，替代式应用更多的是将照明产品作为主导，由照明供应商做整合集成，能更好地发

挥照明产品的特性,完成其功能应用的需求。典型应用如图 2-8 和图 2-9 所示。

图 2-8　替代集成吊顶龙骨、模块的照明产品的典型应用

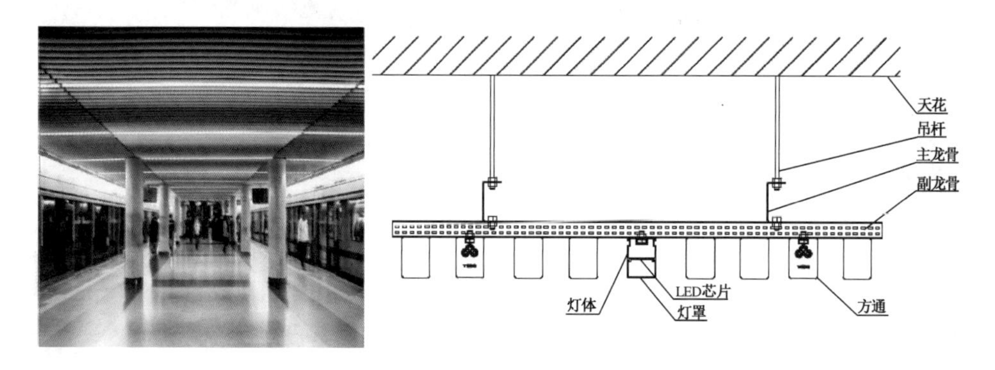

图 2-9　替代方通格栅吊顶等材质的照明产品的典型应用

(5) 照明产品与新材料的组合式应用

建筑装饰材料的发展日新月异,各类新型装饰材料不断应用于建筑上。如高透光的石材、仿石材等,将光源产品布置在其背部,可以在保证装饰效果的情况下,更好地呈现出灯光的效果,完美实现照明建筑一体化。光电玻璃的出现更是使光源与玻璃实现了真正的融为一体,如无线点阵的玻璃幕墙,可通过预设程序控制发光点的明暗秩序,从而形成图像变幻的效果,通过布置点位的密度决定发光面的强度大小,为设计创造了无限的可能。典型应用如图 2-10 和图 2-11 所示。

图 2-10 与新型高透光石材、仿石材等墙体材料组合的典型应用

图 2-11 与新型玻璃工艺组合的典型应用——光电玻璃

(6) 照明产品的艺术式应用

照明产品的多样化发展,促进了设计师无限的设计可能,更加激发了艺术化的设计思维。照明产品不再单一地存在于建筑中,而更多的是一种艺术形式的表现,除了实现功能化需求外,更是赋予了装饰面更多的美感。如:照明产品以艺术线条的形式勾勒于吊顶、墙体内,形成一种艺术构图;照明产品以艺术造型的形式呈现在天花、墙体上,与天花、墙体自身装饰材料毫无冲突,并展现一种独特造型的美感;照明产品以光雕塑、艺术装饰的形式呈现在建筑空间中,在满足功能需求的同时,产生了艺术品的赏析价值,更加提升了整个建筑空间的艺术美感。照明产品已不再只是提供光的设施,而成为建筑之美不可替代的一部分。典型应用如图 2-12～图 2-14 所示。

图 2-12　以艺术线条形式融入建筑装饰的典型应用

图 2-13　以艺术造型形式融入建筑装饰的典型应用

图 2-14　以艺术雕塑形式融入建筑装饰的典型应用

5. 适用范围

照明建筑一体化的应用范围很广，几乎在所有建筑类型中都可以使用，更加提升建筑装饰后的美感及和谐感。

(1) 公建、办公、地铁站、机场等：较多采用替代式的照明表现手法满足照明建筑一体化的需求，照明产品直接成为吊顶的一部分。

(2) 家居：较多采用嵌入式、隐藏式、结合式的照明表现手法满足照明建筑一体化的需求，使得照明产品能更好地融入家居氛围之中。

(3) 剧院、会议室、场馆：较多采用嵌入式、隐藏式的照明表现手法满足照明建筑一体化的需求，使得照明产品与空间的结合不显突兀，更加和谐。

(4) 商场、商业建筑：较多采用嵌入式、隐藏式、结合式、替代式的照明表现手法，也会使用艺术化手法来吸纳人气，多样的手法实现了照明建筑一体化的目的。

(5) 酒店、俱乐部、夜总会等：充分利用各类照明表现手法的同时，更多考量新材料组合应用以及艺术化表现等，实现照明建筑一体化。

(6) 博物馆、艺术馆、展览馆等场馆：较多采用隐藏式、结合式的照明表现手法，在艺术化表现方面更为突出，更能彰显艺术性。

2.1.2 技术导则

1. 设计依据

《供配电系统设计规范》(GB 50052—2009)

《建筑设计防火规范》(GB 50016—2018)

《智能建筑设计标准》(GB/T 50314—2015)

《低压配电设计规范》(GB 50054—2011)

《建筑照明设计标准》(GB 50034—2013)

《公共建筑节能设计标准》(GB 50189—2015)

《建筑装饰装修工程质量验收标准》(GB 50210—2018)

《建筑电气安装工程施工质量验收规范》(GB 50303—2015)

《通风与空调工程施工质量验收规范》(GB 50243—2016)

《玻璃幕墙工程质量检验标准》(JGJ/T 139—2020)

《城市夜景照明设计规范》(JGJ/T 163—2008)

《民用建筑电气设计规范》(JGJ 16—2008)

《住宅室内装饰装修设计规范》(JGJ 367—2015)

另外，设计依据还包括业主的设计任务书及设计要求，土建、幕墙、室内装饰、精装修等提供的平、立、剖面及节点图纸等。

2. 设计要点

照明建筑一体化设计应对空间环境结构、室内装饰特点、照明功能需求、照明场景需求进行充分的研究与分析，同时对可能设置照明产品的位置、结构构造、装饰面内外部构造、材质等进行初步的研究和分析，从而选择适合的照明建筑一体化形式，以实现照明效果。其要点是在满足照明功能需求的前提下将照明产品以最适合的形式融入建筑载体中，从而实现照明建筑一体化的完美融合。

照明建筑一体化设计，旨在实现光环境提升、空间功能强化、空间利用优化、用能效率提高和施工工业化五大目标的协同优化。

对标五大设计目标，照明建筑一体化设计指标包括照明质量指标、照明节能指标、照明集成指标和一体化安装指标(表 2-2)。

表 2-2　照明建筑一体化设计指标

指标类别	表征参数	限值要求	设计目标
照明质量	水平/垂直照度比	提升垂直工作面照明质量	光环境提升 + 空间功能强化
	光源表面亮度	防止眩光，优化空间亮度分布	
	空间亮度系数	强化空间导引性、恢复性和戏剧性	
照明节能	节能率*	考量一体化设计的配光精准度	用能效率提高
照明集成	光源空间占比	考量发光单元与界面集成程度	空间利用优化
	集成光源占比	考量发光单元与构件、设施集成程度	
一体化安装	装配率	考量发光单元的安装集成程度	施工工业化
	拆改利用率	考量发光单元的拆改便捷度	

注：* 进一步研究计划采用“被照面光通量占总光通量的比率”来代替节能率，表征一体化设计的配光精准度。这一指标在基于机器学习的逆设计过程中已得到落实。

1) 照明质量

照明质量是指工作面照度分布与空间亮度分布。照明建筑一体化是公共建筑光环境提升的重要内容，其一般照明的照明质量均应满足现有标准如《建筑照明设计标准》(GB 50034—2013)等的要求，包括照度、照度均匀度、显色指数、眩光限值、相关色温、色容差、特殊显色指数 R_9、照明功率密度、空间色度均匀性等。

传统照度标准值和照度均匀度是针对水平面给出的，但是在一些公共场所，人们观看的对象往往是立体和动态的，在这种情况下水平面的照度没有很大意义，而是整个空间各个方向都应有良好的照明。合理的垂直照度能够保证 VDT(视觉显示终端)

阅读、运动以及面对面交流的视觉功效和视觉舒适性，是保障室内照明健康、舒适与高效的重要指标参数。

(1) 工作面照度分布

VDT阅读新方式的产生，体育场馆的大量建设和对教室、会议室照明质量的关注，促进了室内照明对垂直面视觉任务的重视。因此，照明建筑一体化落实精准配光，以现行标准中的照度、照度均匀度要求为基础，重点从垂直照度入手，以“水平/垂直照度比”为新设计参数，落实合理的工作面照度分布。

(2) 空间亮度分布

对标光源新型外观形态的视觉舒适，增设“光源表面亮度”为新设计参数。一体化发光单元视野可见，限制光源表面亮度，旨在从源头防控光源眩光问题。同时，需确保工作面照度和照度均匀度达标。

对标空间序列组织与功能强化需求，增设“空间亮度系数”为新设计参数。空间序列组织与功能强化，包括空间路径的导引、空间终点(展陈物体等实体要素)的强调、空间环境对使用者心理机能的恢复。通过对明暗与层次的亮度规划，落实合理的空间亮度分布。

2) 照明节能与照明集成

以精准配光为原则，旨在发挥建筑一体化发光单元外观形态的特征优势，达成多视觉任务空间各工作面照度分布要求、多空间组合序列组织的空间亮度分布要求，对标照明建筑一体化的光环境提升与空间功能强化双导向目标以及用能效率提高目标。

另外，对于利用天然光的场所、人员短时逗留的场所(不含人员短时频繁使用的场所)、部分区域部分时段使用的场所等，照明系统在场所天然光充足或无人使用(或使用需求降低)时进行调节，降低照度或关闭发光单元，可以有效减少照明能耗。

照明建筑一体化设计方法，弱化了光源属性与光影、构件界面、设施功能等空间属性之间的界限；充分利用LED优良光源性能和建筑一体化发光单元新型光源形态与接口构造，可以有效满足室内空间氛围塑造和空间组合序列优化的空间分布需求。

3) 一体化安装

通过基于BIM技术的协同设计软件，以一体化设计安装为原则，旨在发挥建筑一体化发光单元接口构造的特征优势，落实照明建筑一体化设计集成、安装集成、信息集成，突显照明建筑一体化的空间利用优化与施工工业化目标。

一体化照明单元的安装及施工流程区别于传统照明灯具的安装和施工。其中，发光顶棚的施工流程为：按图纸尺寸制作灯箱→工厂实际测量并加工软膜→安装灯具→现场安装铝合金骨架→清理盒内灰尘→加热风炮均匀加热软膜→用专用扁铲把软膜张紧插到铝合金龙骨骨架槽口中→清理、日常维护;大面积发光单元一部分是在工厂安装完成,现场以吊挂、膨胀螺栓或磁吸的方式进行安装或吊装,或者是在工厂完成边框底板、LED 模组的生产,现场组合成设计的大小后再覆盖软膜。

3. 设计策略

对应光源选型、照明布置与照明质量三大设计内容,照明建筑一体化设计策略包括发光单元选型策略、发光单元布置策略与空间亮度规划策略。

1) 发光单元选型策略

(1) 选用低表面亮度大面积光源。该策略解决了传统点光源眩光与工作面照度和照度均匀度的矛盾,以及光源配光的水平照度与垂直照度配比固定问题,能够更好地满足多视觉任务空间的照明质量需求。

(2) 采用模块化、无线化光源/接口。该策略可解决工业化施工问题,能够满足灯具安装、拆改和再利用的施工便捷化需求。

2) 发光单元布置策略

(1) 重点照明对象为藏体。该策略将空间特征/装饰构件或主体家具等重点照明对象作为间接照明的藏体,直射光照亮藏体,间接光照亮空间,优化了传统间接照明的低能效。

(2) 光源嵌入重点照明对象。该策略将光源嵌入,如办公空间照明嵌入工位隔板,能够近距离精准照亮工作面,与传统的局部照明方式具有相同的节能功效,但比局部照明更有利于防止眩光和空间的节约利用。

(3) 重点照明对象自发光。该策略将需要相对高表面亮度的物体,如卫浴间的纸巾盒、踢脚线等,通过自发光,在光溢散前实现目标照亮,而溢散光辅助提供环境照明和低位照明氛围,较传统的重点照明方式,更加精准、高效地利用光能。

3) 空间亮度规划策略

(1) 空间亮度规划先于工作面照度设计。该策略前期规划空间亮度,通过反射,将提供一定数量的工作面照度,后期增补工作面照度,能够合理分配光通量,解决照明节能问题。

(2) 多灯分散、无主灯设计,划分低、中、高位照明。该策略可解决以下传统照明方式与布置所产生的问题:①在空间亮度分布上的匀质化问题,能够更好地满足精装高品质空间的亮度层次需求,能够发挥光影在空间的衔接与过渡、渗透与层次、引导与暗示等层面上的作用,满足多空间组合的序列组织优化需求;②配光精准度问题,在满足高品质照明质量与照明氛围基础上,做到照明节能与空间节约。

4. 设计流程

1) 方案设计阶段(空间解析)

方案设计初期,需要与业主及其他相关专业做充分的沟通,对建筑结构空间环境进行了解和分析;对建筑的构造、用途、应用场景等进行剖析和分解,了解灯光之于建筑的基本关系;对可能需要布置灯光的区域进行初步研究,包括周边天花、墙壁、装饰等的构造和材质等。结合调研的情况,提出灯光概念设计方案,初步选定照明建筑一体化的形式。

2) 初步设计阶段(照明指标)

(1) 初步设计初期,首要考虑的是室内空间所需要满足的照度、均匀度等基本需求,同时对于有特殊需求的区域,还应考虑显色指数、防眩指数等需求,在满足必需的功能方面的诉求后,才可以考虑其他方面。

(2) 充分考虑灯光应用的不同场景特点,使灯光在不同场景需求下均可以满足功能需求。现在的室内光环境需求不再是单一的应用需求,根据不同时段、不同应用模式、不同功能模式会细分出不同的灯光应用需求。照明设计需充分考虑,满足各种场景需求下的功能需求,通过控制来实现不同的场景灯光切换,包括分回路的开/关控制、回路调光调色温的控制、单灯调色温的控制等。

(3) 在对空间环境、功能需求和场景需求分析完毕后,就需要考虑照明产品的基本设置位置,以满足功能、场景的灯光需求。将可能设置照明产品的位置选定,并对需要布置照明产品位置的结构构造、装饰面内外部构造、材质等进行初步的研究和分析,对照明产品的基本参数进行设定。

3) 深化设计阶段(扩初图纸)

初步设计完成后,进入施工图设计阶段,需要着手充分考虑照明建筑一体化的需求问题,对布置区域的装饰结构、装饰面、材料等与相关专业进行交流沟通,通过不同的照明表现形式,将照明产品巧妙地融入该区域。可能涉及预埋、替换、修改造型等需求的,应及时与相关专业进行探讨与交流,以确保设计图纸的可实施性,完成正式施工图纸及方案。

4) 设计实施阶段(施工图及施工调试)

照明建筑一体化与各相关专业的结合较为紧密,需要在实施各阶段与其他相关专业保持密切沟通,包括工序的交叉作业、作业面的预留、直接在其他专业材料工厂内的结合加工乃至新材料的直接取代等,实现全过程的管控。

照明建筑一体化设计流程如图 2-15 所示。

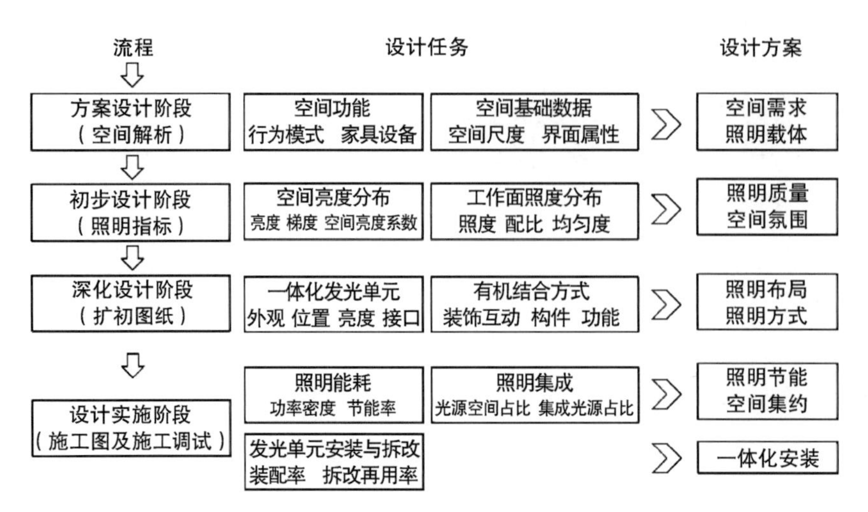

图 2-15 照明建筑一体化设计流程图

5. 设计软件

一体化设计软件是以 BIM 核心建模软件 Revit 为空间建模手段，以 Elum Tools 为照明设计手段，以协同设计系列插件为照明优化手段，即基于 BIM 技术的建筑照明一体化设计软件。为此，照明建筑一体化带来了设计软件新需求：①同界面协同设计；②健康照明和有机结合所要求的新的指标，包括空间亮度系数、光源表面亮度、光谱/频闪的计算与评价。

协同设计系列插件基于 BIM 软件 Revit 的二次开发，利用 Revit API（应用程序编程接口），通过与.NET 兼容的 C♯和 python 编程语言编程，以 Visual Studio 为开发平台，利用系统文件管理器的信息导入，可视化参数编程平台 Dynamo 的信息转换等多渠道，实现建筑照明全信息的最大化调用，提供了照明建筑一体化设计“空间整体亮度”和“发光模块属性”两大模块的设计手段。对应插件包括：

- 空间亮度分布分析系统插件（1.0 版本）；
- 频闪分析系统插件（1.0 版本）；
- 光源表面亮度计算系统插件（1.0 版本）。

照明建筑一体化设计软件实现了建筑照明信息的一体化协同解析，提升了照明专业的 BIM 技术成熟度；解决了空间整体亮度和光源表面亮度的计算问题，使“亮度”真正成为照明设计评价指标；为健康照明光谱/频闪等光源参数的可视化设计与评价提供了软件计算接口。

如表 2-3 所示，协同设计插件填补了目前照明专业软件在照明建筑一体化协同设计上的功能缺失。

表 2-3　协同设计插件在一体化设计软件中的具体功能实现

功能	DIALux evo	Elum Tools	一体化设计软件	功能实现途径
传统照明指标计算	√	√	√	内置/调用核心算法*
同平台设计	×	√	√	加载于 Revit
灯具外壳导入	√	×	√	通过系统文件管理器或参数化平台 Dynamo
光源表面亮度计算	×	×	√	光源表面亮度计算系统插件
空间亮度系数计算	×	×	√	空间亮度分布分析系统插件
频闪计算	×	×	√	频闪分析系统插件

注："×"表示不具备对应功能；"√"表示具有对应功能；"*"包括光子映射算法与光能传递算法。

DIALux evo 是最主流的照明软件，其 7.0 及以上版本，支持 IFC（Industry Foundation Class，BIM 兼容的信息数据标准格式文件）导入，因此，DIALux evo 只实现了单向获取 BIM 信息，并未实现建筑照明同平台设计；Elum Tools 是唯一集成在 Revit 上的照明软件，通过 API 读取 Revit 模型信息，初步实现了照明与建筑的同平台协同设计与信息集成。两款软件在针对一体化发光单元的外观形态设计上均存在功能欠缺：DIALux evo 加载 IES 时，自动读取并导入简单几何形体的外壳模型；Elum Tools 只加载 IES 的配光参数信息，需要另行建立光源载体模型；对于形体复杂、异形的灯具，目前尚无软件可实现通过 IES 自动读取与导入外壳模型。由于 IES 所加载的配光参数信息与形体信息并不关联，因此，在灯具发光面面积或形状改变时，光源配光并不随着改变。两款软件均不支持光源本身的表面亮度计算和空间整体亮度计算，不支持健康照明所关注的光谱/频闪等参数计算。

6. 技术建议

1）办公建筑

在新型高端办公场所中，有的办公区域装修方式为吊顶格栅，通过选用替代式照明产品，直接从格栅中替代部分铝方通、圆通等类型的格栅，采用方通灯、圆通灯等类型的格栅造型，既满足了功能照明需求，又实现了照明建筑一体化。

对于采用集成吊顶装修的办公区域，选用替代式或结合式的照明产品，直接替换集成模块应用如无边面板灯、集成面板灯等，保证了天花的整齐统一。

对于采用独立龙骨型集成吊顶的办公区域，替代式的照明产品直接取代龙骨，成为发光龙骨灯，实现照明建筑一体化需求。

除此之外，嵌入式、隐藏式的照明产品如筒射灯、灯带和灯条等均在办公照明中可以得到应用，满足了照明建筑一体化的应用需求。

2）酒店建筑

大堂选用艺术化照明雕塑产品实现功能照明的同时，赋予美感，整体提升大堂空间的品位与质感。除此之外，还可组合应用嵌入式筒射灯、隐藏式灯带和灯条、结合式扶手灯和台阶灯等照明产品，既能满足照明需求，又能满足照明建筑一体化的应用需求。

游泳池、会议室等天花照明大量使用隐藏式灯带、灯条的照明产品满足功能需求，同时结合其他类型的照明产品在墙壁等位置的应用以满足照明需求。

客房，一般天花空间采用隐藏式灯带、嵌入式射灯等照明产品，衣柜、橱柜选用结合式照明产品如橱柜灯、衣柜灯等，局部可采用新型材料结合照明应用如光电玻璃等或艺术造型的照明应用，满足照明建筑一体化的应用需求。

公共走廊，主要采用隐藏式灯带、嵌入式射灯等满足照明需求，也可采用结合式的照明产品如电梯运行状态灯等，高端酒店的公共走廊也会选择艺术造型的照明产品来打造更现代科技的氛围，共同打造照明建筑一体化的应用效果。

3）地铁站、机场等交通建筑

在格栅吊顶的空间内安装常规的灯具，会显得天花较为凌乱和突兀。采用直接替代铝方通或铝圆通等造型格栅的方通灯、圆通灯，既保证了天花的一致性及和谐性，外观更加美观，同时又能保障功能照明的需求，属于较为成功的照明建筑一体化应用场景。

4）高端餐厅、KTV、夜总会等

除了常规嵌入式照明产品的应用外，也会采用一些艺术造型的照明产品，突出个性。另外，采用新型材料的组合式照明产品在高端餐厅、KTV、夜总会等场所的应用也较为普遍，尤其是在大厅、走廊、包房等区域大量应用各类仿石材透光材料。

5）商场建筑

商场公共空间较多采用的是隐藏式照明产品，尤其是隐藏式灯带的应用最为普遍，也最具推广性。因商场对照度的要求较高，除了隐藏式灯带的应用外，嵌入式的照明产品也较为普遍。光环境舒适的商场应该注重嵌入式照明产品的应用，真正做到与天花的融合，继而满足一体化的天花空间需求。

在手扶电梯、栏杆等区域也可以采用结合式的照明产品，如扶手灯等，还可以采用光电玻璃等新型材料来满足新奇的需求，在实现照明建筑一体化的同时，吸引人流。

6）居住建筑

家居照明中原来应用较多的是产品吸顶、吊灯等，现在更多采用吊顶隐藏式灯带、嵌入式筒射灯，厨卫选用替代式集成吊顶的厨卫灯等，逐步形成照明建筑一体化的趋势。除此之外，在橱柜、衣柜、书柜等也可采用组合式照明产品，如橱柜灯、衣柜灯等。

除了以上目前较为普遍的照明建筑一体化应用外，高端家居也开始采用一些新型材料组合式的照明产品，如在客厅等区域采用具有艺术造型感的灯具，打造更加别致的应用场景，提升家居的整体品位。

照明建筑一体化技术分类、适用场所及产品品类如表 2-4 所示。

表 2-4 照明建筑一体化技术分类、适用场所及产品品类对应表

序号	技术分类	适用场所	产品品类
1	嵌入式应用	办公、商业、公建、家居、公共空间、酒店、地铁、机场等	筒灯、射灯、格栅灯等
2	隐藏式应用	办公、商业、公建、家居、公共空间、酒店、地铁、机场等	灯带、灯条、投光灯、洗墙灯等
3	结合式应用	商店、酒吧、酒店、家居、医院等	扶手灯、橱柜灯、护栏灯等
4	替代式应用	地下通道、地铁站、办公室、卫生间等	集成面板灯、方通灯、圆通灯、梯通灯、龙骨灯等
5	与新材料的组合式应用	酒店大堂、KTV、高端餐厅等	发光地砖、发光墙砖、玻璃屏、发光玻璃、透光膜等
6	艺术式应用	酒店大堂、客房、家居、酒吧、娱乐室、公共空间、商场等	雕塑照明产品、灯光小品、艺术灯、造型灯等

2.2 LED 智能照明控制

2.2.1 技术概况

1. 技术描述

LED 智能控制分为光源控制和系统控制。

LED 光源控制即常规的照明调光。一般方案主要有两种，即模拟调光和数字(Pulse Width Modulation，PWM)调光。

LED 系统控制是指以计算机技术为核心，结合通信、自动化等相关学科，对照明设备进行自动控制，在提供合适光环境的同时，降低对电能的消耗以及成本费用或安装费用。目前，已研究开发了相对独立的、专门用于照明控制的智能照明系统。微观上，采取遥控、现场感应、现场面板、场景等人性化控制方式，营造各种适宜的光环境；宏观上，逐渐从集中控制向集散和分布式控制方式发展，有效地解决了传统控制存在的相对分散与不易管理等问题。

2. 技术特点

LED 智能照明控制系统可实现多种控制。

1）场景控制

LED 智能照明控制系统引入场景控制的概念，即通过控制元件(控制面板、触摸屏或管理软件等)实现对多路灯光及电器的控制，具备一个按键可同时开启或关闭多路灯光及电器的功能。

2）电器监控

通过系统配置的控制面板或触摸屏可实时监控灯光回路或电器开关状态。在控制面板上，可通过指示灯的颜色或亮暗监视回路的开关状态或通过软件进行设定；在触摸屏上，可通过系统的楼层平面图的动态电器图标查看房间内受控的电器状态。

3）系统软件编程管理

系统使用编程管理软件对所有操作设备进行编程，如变换控制面板的每个按键场景、液晶屏内楼层的平面图及灯具位置或管理功能等，可根据不同的需求进行个性化设计。

4）恒照度控制

通过 LED 智能照明控制系统的光照传感器将某一控制区域亮度设定为一个恒定值，可根据室外光线的变化和窗帘的开关自动调节灯光的亮度，使受控区域拥有舒适的照明环境。

5）时间控制

根据实际应用需要设定按照时间顺序自动控制灯光、电器等设备。如在夜晚到来之时，LED 智能照明控制系统会依次打开室外主照明、泛光、景观照明；在新一天的阳光到来之前，自动将它关闭。

6）感应控制

在某些区域内（如楼道、卫生间、楼梯），系统使用红外感应照明功能，当有人进入这些区域时照明系统可自动开启，避免了手中持物或进出匆忙时开关灯具的麻烦，从较大程度上体现了智能化的优势。

7）远程控制

LED 智能照明控制系统可以通过电话、互联网远程控制系统中连接的灯光、电器等所有设备，便于对系统进行远程管理。

8）调光控制

LED 智能照明控制系统通过房间内的调光功能，最大限度地提升建筑物装修档次。调光功能不仅满足了人眼对灯光的生理适应性的需求，同时延长了光源的寿命并达到了节能的目的。

随着计算机技术、无线数据传输技术和现代电力电子技术的飞速发展，传统的照明控制也开始向着智能化的方向前进，尤其是已经可以实现单灯控制和故障检测。LED 智能化照明控制系统在提高照明质量、美化城市夜景的同时，还获得了明显的节能效果，提高了市政管理水平。

LED 智能照明控制系统的一个重要特征就是系统能够根据不同区域的不同功能需求，在每天的不同时段、不同自然光照度或者不同交通流量情况下，按照特定的设置实现对照明的动态智能化管理。这些设置就是用户根据经验和需要设定的场景，智能化照明系统正是通过场景控制获得了提高照明质量和节约电能的效果。

LED 智能照明控制系统由照明控制管理计算机、线路级智能监控终端（PLC）和单灯智能控制器组成。照明控制管理计算机负责整个系统的集中管理，进行远程实时控制、系统运行信息采集和监测。线路级智能监控终端负责所辖路段的智能化照明控制、解析执行管理中心指令和采集上报运行数据。单灯智能控制器负责单个灯具的控制和状态检测。线路级智能监控终端和照明控制管理计算机之间可以采用无线通信（如 GPRS）或以太网进行数据传输，单灯智能控制器和照明控制管理计算机之间采用窄带电力线载波通信方式进行数据传输。

LED 智能照明控制系统根据外部亮度的强弱，在白天可以按照晴天、多云天、阴天、重阴天调整亮度；在夜间同样可以调整亮度。系统可以提供多种照明控制模式及方案供管理人员选择。LED 照明智能控制系统通过 PC 机的专用管理软件对照明的跑、跳、亮、闪、淡入、淡出等功能及参数进行设置。主控制器（下位机）根据相应的参数设置对驱动器发布控制命令，以实现照明的脱机控制。控制指令数据由电压信号的脉宽来表示，由总线串行传输。

3. 技术分类

LED 智能照明控制通常可以分为 LED 光源控制和 LED 系统控制两大类。

1）LED 光源控制

（1）LED 模拟调光

模拟调光是通过直接改变输出直流电流的大小来实现调光；而 LED 的模拟调光是对 LED 电流的每个周期进行调整，也就是说，它在不断调整 LED 的电流大小。由于 LED 亮度在一定范围内与电流呈正比关系，因此，也就实现了对 LED 的亮度的调节。模拟调光可以通过调整电流检测电阻或用模拟电压驱动某个调光功能引脚来完成。模拟调光的实现相对比较容易，成本也比较低，在低成本的调光照明器具上有比较多的应用。模拟调光也存在很多缺点，如调光线性度差，LED 电流的调节范围局限在某个最大值至该最大值的约 10%之间（10：1 调光范围），而且 LED 会随着驱动电流的变化而产生明显的色度偏移，LED 的发光颜色将会发生变化。

（2）LED 数字调光

数字调光即 PWM 调光，是利用 PWM 信号控制 LED 驱动器功率开关的开通和关断的时间比率来调节平均输出电流，从而实现对 LED 光通量调节的一种调光方法。PWM 调光是以大于 100 Hz 的开关工作频率的脉宽调制的方法改变 LED 驱动电流的脉冲占空比来实现 LED 的调光控制，选用大于 100 Hz 开关调光控制频率主要是为了避免人眼感觉到调光闪烁现象。在 PWM 信号的控制下，LED 的发光亮度正比于 PWM 的脉冲占空比。在这种调光控制方法下，LED 可以在高调光比范围内保持发光颜色不变，调光比范围可达 3 000：1。

2) LED 系统控制

根据采用不同的通信协议,常用 LED 智能照明控制系统可分为 KNX 系统、C-Bus 系统、RS-485 总线系统、DALI 系统、ZigBee 系统和 PLC 系统。

(1) KNX 系统

KNX 是 Konnex 的缩写。1999 年 5 月,欧洲三大总线协议 EIB、BatiBus 和 EHSA 合并成立了 Konnex 协会,提出了 KNX 协议。该协议以 EIB 为基础,兼顾了 BatiBus 和 EHSA 的物理层规范,并吸收了 BatiBus 和 EHSA 中配置模式等优点,提供了家庭、楼宇自动化的完整解决方案。

KNX 总线是独立于制造商和应用领域的系统(图 2-16)。所有的总线设备连接到 KNX 介质上后(这些介质包括双绞线、射频、电力线或 IP/Ethernet),它们可以进行信息交换。总线设备可以是传感器也可以是执行器,用于控制楼宇管理装置如照明、遮光/百叶窗、保安系统、能源管理、供暖、通风、空调系统、信号和监控系统、服务界面及楼宇控制系统、远程控制、计量、视频/音频控制、大型家电等。所有这些功能通过一个统一的系统就可以进行控制、监视和发送信号,不需要额外的控制中心。

(2) C-Bus 系统

C-Bus 系统由澳大利亚奇胜公司开发,该公司是施耐德的子公司。C-Bus 是一种以非屏蔽双绞线作为总线载体,广泛应用于建筑物内照明、空调、火灾探测、出入口、安防等系统的综合控制与综合能量管理的智能化控制系统(图 2-17)。

C-Bus 是一个十分灵活的柔性控制系统,这是因为所有的输入和输出元件自带微处理器且通过总线互联,外部事件信息来自输入元件,通过总线到达相应的输出元件并按预先编好的程序控制所连接的负载。每一个元件都可以按照需求进行编程以适应任何使用场合,其灵活的编程可在不改变任何硬件连线的情况下非常方便地调整控制程序。

C-Bus 系统的核心是主控制器和总线连接器。主控制器存储控制程序,实现模块间总线通信及与编程计算机间的通信,通过控制总线采集各输入单元信息,根据预先编制的程序控制所有输出模块;其 RS-232 标准接口用于与编程计算机的连接,在计算机上通过专用软件进行编程、监控,当完成编程并下载至主控制器后,计算机仅作为监视,即 C-Bus 的运行完全不需要计算机的干预。

类似于 C-Bus 系统的产品还很多,如西门子 insta-Bus 系统、ABB i-Bus 系统等。

(3) RS-485 总线系统

RS-485 总线系统由输出设备、输入设备和系统设备等部分组成。输出设备为执行模块,从总线上得到命令并执行,如开关控制模块、调光箱等;输入设备是感测和发出命令给总线的元器件,如智能面板、时钟控制器及各种传感器等;系统设备是构成系统的一些必配元器件,如系统电源、总线耦合器、RS-232 接口模块、DAL 模块等,系统

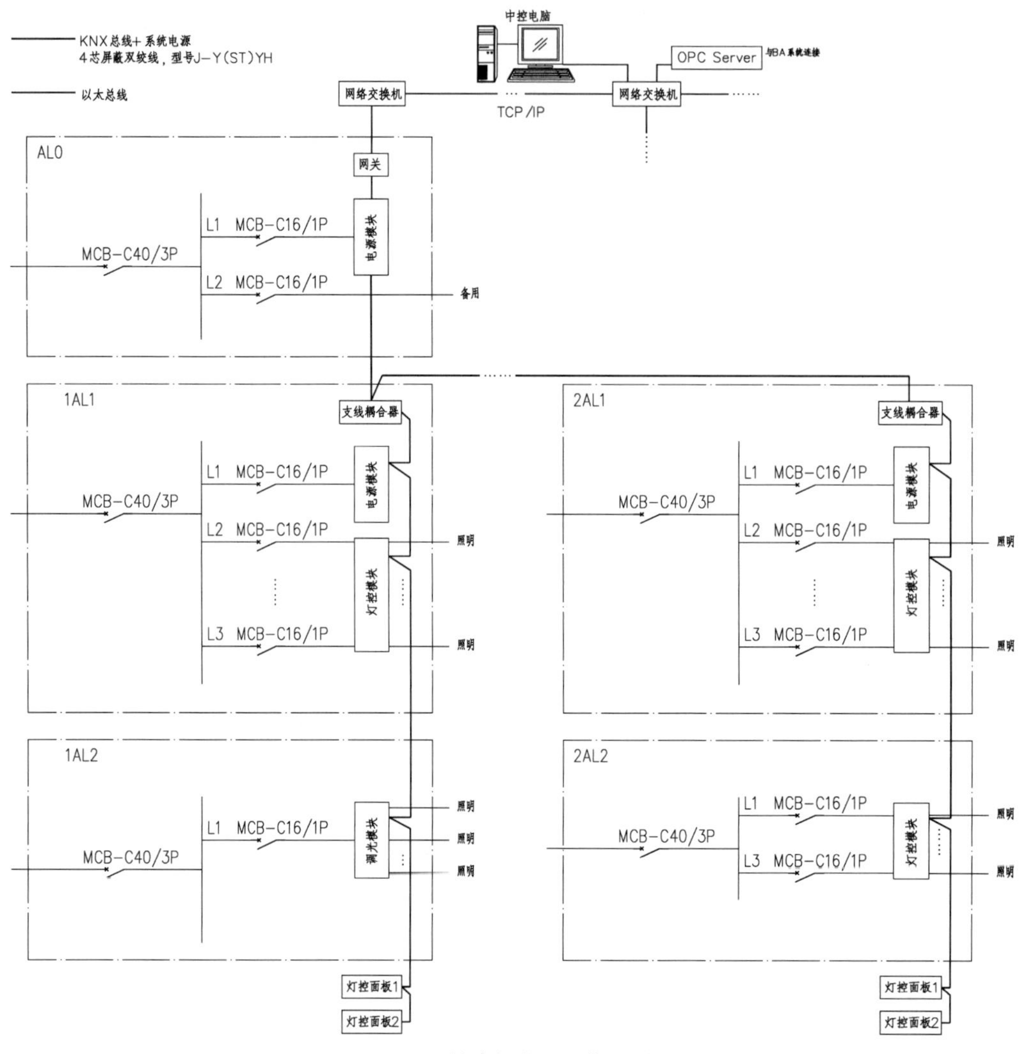

图 2-16　KNX 总线智能照明控制系统示例

采用 RS-485 总线连接成网络(图 2-18)。

RS-485 系统采用 RS-485 国际标准工业控制总线，通过网管设备转换成为TCP/IP 协议。

(4) DALI 系统

DALI(Digital Addressable Lighting Interface)协议是适用于照明控制的通信接口规范，定义实现电子整流器和控制模块之间进行数字化通信的接口标准。DALI 协议是基于主从式控制模型建立起来的，控制人员通过主控制器操作整个系统。通过 DALI 接口连接到两芯控制线上，通过 LED 灯调光控制器[作为主控制器(master)]可对每个镇流器[作为从控制器(slave)]分别寻址，这意味着调光控制器可对连接在同一条控制

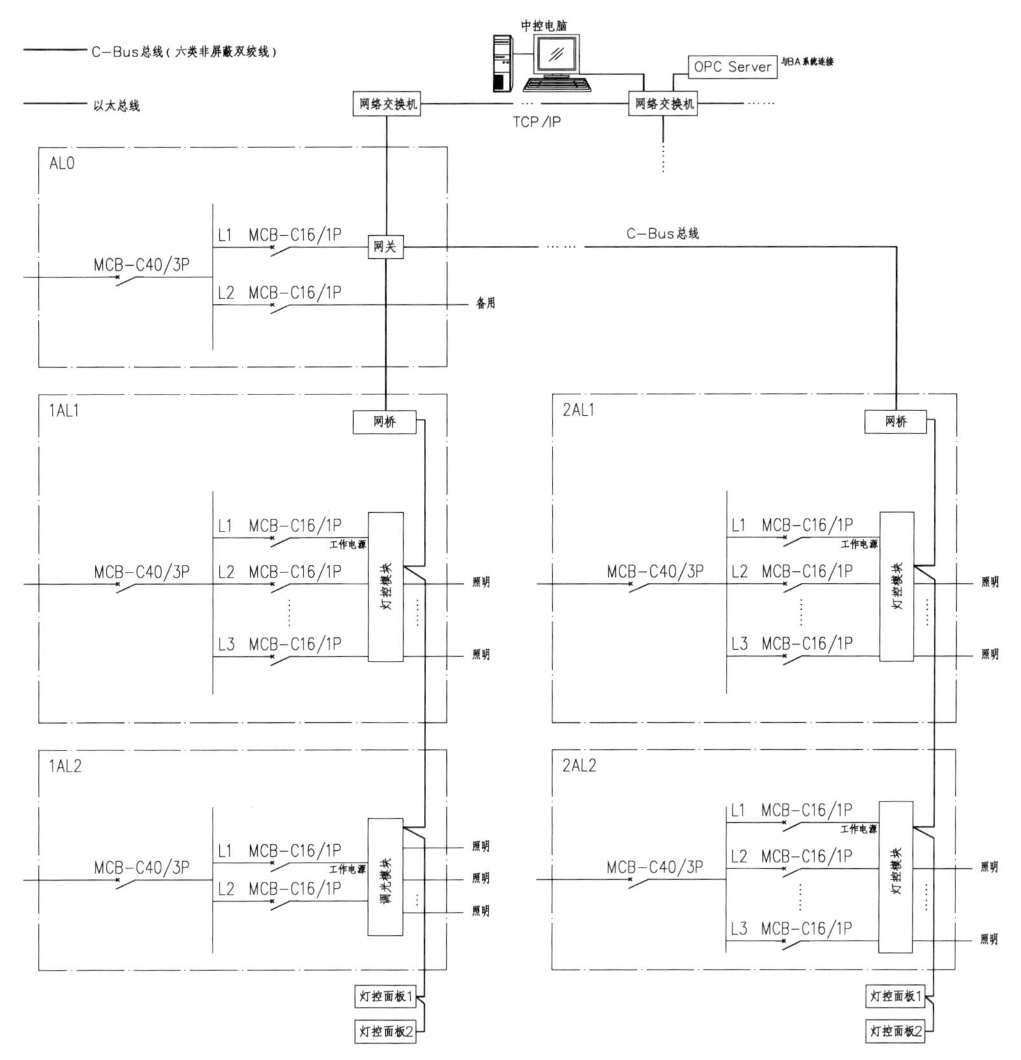

图 2-17 C-Bus 总线智能照明控制系统示例

线上的每个 LED 灯的亮度分别进行调光。

DALI 协议是为要求专业的室内照明管理而设计，它定义了以下功能：①开关，可以接通或断开系统中独立的 DALI 电子镇流器、镇流器组或所有镇流器；②调光，可以容易地安装可调光的 DALI 电子镇流器，从而按对数调光曲线将灯的亮度从 100%调节到 0，实现调光控制；③灯光场景，DALI 协议也可以用于获取电子镇流器或灯的状态。

(5) ZigBee 系统

ZigBee 无线通信技术适用于传输范围短、数据传输速率低的一系列电子元器件设备之间。ZigBee 无线通信技术可于数以千计的微小传感器间，依托专门的无线电标准达成相互协调通信，因而该项技术常被称为 Home RF Lite 无线技术或 FireFly 无

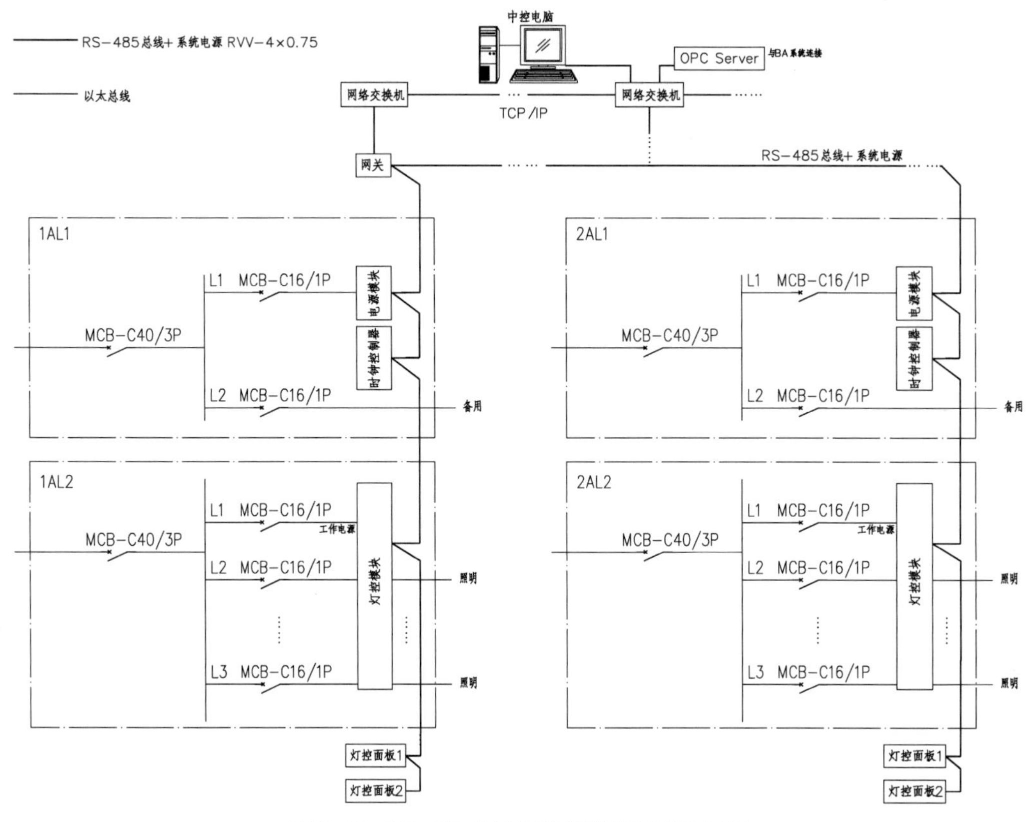

图 2-18 RS-485 总线智能照明控制系统示例

线技术。ZigBee 无线通信技术还可应用于小范围的基于无线通信的控制及自动化等领域，可省去计算机设备、一系列数字设备相互间的有线电缆，更能够实现多种不同数字设备相互间的无线组网，使它们实现相互通信或者接入因特网。

(6) PLC 系统

PLC 即电力载波通信，是英文 Power Line Communication 的简称。电力载波是电力系统特有的通信方式，可利用现有电力线，通过载波方式将模拟或数字信号进行高速传输。其最大特点是不需要重新架设网络，只要有电线，就能进行数据传递。

不同 LED 智能照明控制系统对比见表 2-5。

4. 适用范围

LED 智能照明控制系统应用范围较广，可在多种建筑类型中使用。

(1) 写字楼、学校、医院、工厂：利用系统的时间控制功能使灯光自动控制，利用亮度传感器使光照度自动调节，从而节约能源；也可进行中央监控并能与楼宇自控系统

表 2-5 不同 LED 照明控制系统特点

系统名称	特 点
KNX 系统	1. 分布式总线结构，传感器和驱动器有独立 CPU，相互之间是对等的。 2. 扩展方便，无须改动系统内原有元件和接线，可完成对系统功能或控制回路的增加。 3. 系统的控制回路为总线制，结构简单，线缆敷设便捷。 4. 系统采用分层结构，分成支线和区域，提高干线通信的效率。 5. 总线电缆本身具有屏蔽能力。 6. 采用开放式通信协议，可以将 KNX 系统自由地与其他系统相连，实现数据的双向交换
C-Bus 系统	1. C-Bus 系统是一个分布式、二线制的智能照明控制系统。 2. 所有的控制单元均内置微处理器和存储单元。 3. 由一对信号线非屏蔽六类线缆连接成网络。 4. 通过软件对所有单元进行编程，实现相应的控制功能。 5. C-Bus 系统通过以太网接口可以与局域网连接，传输速度 10M/s；通过 RS-232、TCP/IP、LONWORKS 等协议可与楼控等系统联网；采用 TCP/IP 协议的受件 OPC Server，通过 OPC 方式与楼控系统连接，也可通过干接点方式与其他系统连接，实现联动功能
RS-485 总线系统	1. 具有抑制共模干扰的能力。 2. 具有高灵敏度。 3. 成本低，传输距离远，通信协议简单
DALI 系统	1. 具有结构简单、安装方便、控制精确等优点。 2. DALI 协议的宽电压电气特性使得总线对线缆要求不高，不需要使用专用电缆等专用配线，只需要满足总线主从系统之间的最大压降不超过 2 V、最长距离不超过 300 m。 3. DALI 系统与其他大型建筑管理总线协议不同，它不仅可用于单独一个房间内的灯光场景控制，也可以与整栋建筑的管理系统对接。它不需要扩展成具有复杂功能的控制系统，而只需作为一个灯光控制子系统来应用，通过网关接口与综合管理系统对接，即可作为其中的一部分，顺利地融入 EIB 等大型系统中
ZigBee 系统	1. 抗干扰能力强。ZigBee 收发模块使用的是 2.4G 直序扩频技术，比起一般 FSK、ASK 和跳频技术来说，具有更强的抗干扰能力。 2. 保密性好。ZigBee 提供了数据完整性检查和鉴别功能，采用通用的 AES-128 加密算法，其长达 128 位的密码为 ZigBee 信号传输的保密性提供了安全保障。 3. 传输速度快。ZigBee 传输数据多采用短帧传送，因此，传输速度快，实时性强。 4. 可扩展性强。ZigBee 组网容易，自恢复能力强
PLC 系统	1. 不需要重新架设网络，只要有电线，就能进行数据传递。 2. PLC 调制解调模块的成本远低于无线模块。 3. 相对于其他无线技术，传输速率快

连接;修改照明布局时无须重新布线,从而减少投资。

(2) 剧院、会议室、俱乐部、夜总会:利用系统的调光功能及场景开关可方便地转换多种灯光场景,实现多点控制。

(3) 体育场馆、市政工程以及广场、公园、街道等室外公共场合:利用系统的群组控制功能可控制整个区域的灯光;利用亮度传感器、定时开关实现照明的自动化控制;利用 LED 智能系统监控软件实现照明的智能化控制。

(4) 智能化小区:可用于智能化小区的路灯、景观灯的远程、多点、定时控制及中央监控、中心监控;小区会所、智能化家庭中灯光的场景、多点、群组、远程控制以及与其他家庭智能控制器的配合使用。

(5) 酒店:可广泛应用于酒店的大堂、休息厅、咖啡厅、贵宾室、走廊等公共区域照明、泛光照明和景观照明,定时控制、感应控制、场景控制与本地控制相结合,并可在总服务台或中央控制室进行集中管理;亦可用于客房区域设备的本地或远程控制。

2.2.2 技术导则

1. 设计依据

1) 强制性标准(表 2-6)

表 2 6 LED 照明控制强制性国家标准汇总

标准名称	相关条文
《建筑照明设计标准》(GB 50034—2013)	**7.3** 照明控制 **7.3.1** 公共建筑和工业建筑的走廊、楼梯间、门厅等公共场所的照明,宜按建筑使用条件和天然采光状况采取分区、分组控制措施。 **7.3.2** 公共场所应采用集中控制,并按需要采取调光或降低照度的控制措施。 **7.3.3** 旅馆的每间(套)客房应设置节能控制型总开关;楼梯间、走道的照明,除应急疏散照明外,宜采用自动调节照度等节能措施。 **7.3.4** 住宅建筑共用部位的照明,应采用延时自动熄灭或自动降低照度等节能措施。当应急疏散照明采用节能自熄开关时,应采取消防时强制点亮的措施。 **7.3.5** 除设置单个灯具的房间外,每个房间照明控制开关不宜少于 2 个。 **7.3.6** 当房间或场所装设两列或多列灯具时,宜按下列方式分组控制: **1** 生产场所宜按车间、工段或工序分组; **2** 在有可能分隔的场所,宜按每个有可能分隔的场所分组;

（续表）

标准名称	相关条文
《建筑照明设计标准》（GB 50034—2013）	**3** 电化教室、会议厅、多功能厅、报告厅等场所，宜按靠近或远离讲台分组； **4** 除上述场所外，所控灯列可与侧窗平行。 **7.3.7** 有条件的场所，宜采用下列控制方式： **1** 可利用天然采光的场所，宜随天然光照度变化自动调节照度； **2** 办公室的工作区域，公共建筑的楼梯间、走道等场所，可按使用需求自动开关灯或调光； **3** 地下车库宜按使用需求自动调节照度； **4** 门厅、大堂、电梯厅等场所，宜采用夜间定时降低照度的自动控制装置。 **7.3.8** 大型公共建筑宜按使用需求采用适宜的自动（含智能控制）照明控制系统。其智能照明控制系统宜具备下列功能： **1** 宜具备信息采集功能和多种控制方式，并可设置不同场景的控制模式； **2** 当控制照明装置时，宜具备相适应的接口； **3** 可实时显示和记录所控照明系统的各种相关信息并可自动生成分析和统计报表； **4** 宜具备良好的中文人机交互界面； **5** 宜预留与其他系统的联动接口
《智能建筑设计标准》（GB 50314—2015）	**10.3** 照明 **10.3.1** 应根据建筑的照明要求，合理利用天然采光。需考虑下列要求： **1** 应根据建筑物的建筑特点、建筑功能、建筑标准、使用要求等具体情况，对照明系统进行分散与集中、手动与自动相结合的控制； **2** 对于功能复杂、照明环境要求高的公共建筑、博物馆、美术馆等，宜采用专用智能照明控制系统智能照明系统应具有相对的独立性，并作为建筑设备监控系统的子系统，应与建筑设备监控系统设有通信接口； **3** 设置智能照明控制系统时，在有自然采光的区域，宜设置随室外自然光的变化自动控制或调节人工照明照度的装置； **4** 当公共建筑物不采用专用智能照明控制系统而设置建筑设备监控系统时，公共区域的照明应纳入建筑设备监控系统的控制范围； **5** 公共区域内灯具应设置照明声控、光控、定时、感应等自控装置； **6** 各类房间内灯具数量不少于2个时应分组控制，并应采取合理的人工照明布置及控制措施，具有天然采光的区域应独立控制

2）推荐性标准（表 2-7）

表 2-7　LED 照明控制推荐性国家标准汇总

标准名称	相关条文
《博物馆照明设计规范》（GB/T 23863—2009）	**9.2**　照明控制 **9.2.1**　同一展示区域的照明设施应分区、分组或单灯控制。宜采用红外、光控、时控、程控等控制方式，并具备手动控制功能。 **9.2.2**　对光敏感的展品，宜设置相应传感器，自动控制开、关照明电源。 **9.2.3**　应根据使用情况设置布展、清扫、展览等不同的开灯控制模式。 **9.2.4**　宜预留联网监控的接口及管线，为遥控或联网监控创造条件。 **9.2.5**　总控制箱（柜），宜设在监控室或值班室内便于操作处。 **9.2.6**　藏品库房内的照明宜分区控制，电源开关应安装在藏品库房总出入口处
《城市夜景照明设计规范》（JGJ/T 163—2008）	**8.2**　照明控制 **8.2.1**　同一照明系统内的照明设施应分区或分组集中控制，应避免全部灯具同时启动。宜采用光控、时控、程控和智能控制方式，并应具备手动控制功能。 **8.2.2**　应根据使用情况设置平日、节假日、重大节日等不同的开灯控制模式。 **8.2.3**　系统中宜预留联网监控的接口，为遥控或联网监控创造条件。 **8.2.4**　总控制箱宜设在值班室内便于操作处，设在室外的控制箱应采取相应的防护措施

2. 设计要点

1）LED 照明工程设计目的

LED 照明工程设计的基本目的是通过光照设计和电气设计等，营造一个安全、舒适的光环境，提高视觉效能，追求合理的设计标准和照明设备，节约能源，使科学与文化艺术融为一体。

2）LED 照明工程设计要求

LED 照明工程设计的基本要求是符合“安全、经济、美观、适用”等原则。“安全”包括人身安全和设备的安全。“经济”则是指一方面尽量采用高光效新型灯具，另一方面是在符合各项规程、标准的前提下节省投资。由于照明装置不但要满足生产和生活的照明要求，同时应具有装饰房间、美化环境的作用，因此，设计时应在满足安全、适用、经济的条件下，适当注意美观，特别是在酒店、餐厅、舞厅、剧场等场所。但在一般生产厂房和辅助建筑内，不应为了美观而投资过多。至于所谓“适用”就是设计上能提供一定数量和质量的照明，并适当考虑维护工作的方便、安全及运行可靠。

(1) 合理选择使用场所

智能照明控制就其功能性和美观性而言,可适用于宾馆、展览馆、体育馆、商场、办公室和高档住宅等。但是,智能照明控制相对于其他传统控制来说,却也价格不菲。目前,在我国大部分的建筑设计中,往往只是在一些重要场所采用智能照明控制。要达到选择上的合理,除了充分比较经济性和功能性外,还应认真考虑建筑特色、艺术效果、装饰设计及光源配置等因素。

(2) 制定切实可行的控制要求

智能照明控制系统的控制方式有许多种,包括时钟控制、照度自动调节控制、感应探测控制、区域场景控制、手动遥控控制和应急照明控制等。

在确定了控制区域后,选择相应的控制要求是十分重要的。控制要求的选择既应实现设计师对艺术效果的构想,又要尽可能地经济与可行。只有充分对控制内容和控制对象进行分析比较,才能做出最切实可行的方案。

(3) 构成相应的系统形式

良好的控制依赖于一个与其相适应的系统。目前,常见的智能照明控制系统各具优势,同时也存在一些缺陷。它们的优缺点都由各自的拓扑结构所决定。工程设计中,系统的构成除了要考虑控制区域和控制内容外,还应结合相应的配电系统,尽可能地做到统筹兼顾。

(4) 解决好与上级系统的外部衔接

智能照明控制系统仅仅是智能楼宇控制系统中的一个部分。如果要将各控制系统都集中到控制中心,那么,各控制系统就必须具备标准的通信接口和协议文本。虽然这样的系统集成在理论上是可行的,但真正实行起来却不易。在工程中,楼宇智能管理系统最好能采用分布式、集散型方式,即各控制子系统相对独立,自成一体,实施具体的控制,楼宇智能管理系统对各控制子系统只是起一个信号收集和监测的作用。因此,作为子系统之一的智能照明控制系统,从设计伊始就应充分考虑今后与上级系统的连接问题。

3. 设计流程

1) 照明控制系统设计要点

(1) 确定用户的需求、光源种类和现场情况。首先,通过与客户的沟通,了解客户的需求,确定场所的功能和场景要求、效果要求。其次,了解灯具的平面布置和光源种类。灯具的布置是与建筑和室内设计相关联的,回路的设计应遵循同样的概念。对于不同的灯具,其光源种类不同,需要确定光源的类型和开关、调光等要求。现场的情况对于控制柜的选址、开关面板的设置、控制的距离等都有要求。

(2) 确定照明回路的配置和数量。对于不同类型的照明控制系统,其控制模块的各回路性能和容量都是不同的,应根据产品来选择回路;必要时,可通过添加继电器、接触器等附件,以降低成本。

(3) 选择照明控制单元。回路确定完毕,就可选择相应的控制器、各种必需的传感器、控制面板及系统的监测运行设备等。

(4) 绘制相应的图表。随控制系统的设计方案提供的图表包括总配置表、回路表、照明控制系统图、照明控制系统平面图等。

(5) 安装和调试照明控制系统。

2) 照明控制系统方案设计

【步骤一】 了解应用的目的、原因和特点

- 节能规范的要求。节能规范在全国范围内强制实施,往往是促使照明控制需求的主要原因。其中,最常见的规范要求有单独空间控制、自动关闭、调光控制、室外照明控制、自然采光照明控制等。
- 节约能源。许多建筑物业主都希望通过尽可能地减少能源支出以降低使用成本,同时又要保证住户使用的舒适度和安全性。
- 符合可持续发展要求。业主们有高效设计的标准或者追求可持续发展等,比如LEED 的认证。
- 保障住户方便和喜好。保障住户享有便捷和容易掌控的局部照明控制系统,以提高住户的满意度和效率。
- 保障安全。确保设施的照明总是能照顾到住户或客人的安全。
- 维护和管理。为设施管理人员提供必要的控制和工具来有效地管理设施。

【步骤二】 确定控制参数和控制要求

不同建筑功能、不同应用场景具有不同的控制参数和控制要求,如表 2-8 所示。

表 2-8　常见建筑类型的控制参数和控制要求

建筑类型	模式	控制内容	控制要求
办公建筑	工作模式(小空间)	桌面照度值	该模式为小空间办公室最常用的使用模式,其特点是要保证工作人员视觉要求。此情况下需要达到 A 级光环境质量下的桌面(例如: 500 lx, 4 500 K)参数要求,同时考虑天然采光的动态变化对室内照明数量的影响;按照标准要求,通过智能控制使各个光源的光的色温组合达到要求

（续表）

建筑类型	模式	控制内容	控制要求
办公建筑	休息模式（小空间）	桌面照度值	该模式为小空间办公室午间休息的使用模式，其特点是要保证工作人员休息放松的需求。此情况下需要达到B级光环境质量下的桌面（例如：300 lx，4 200 K）参数要求，同时考虑天然采光的动态变化对室内照明数量的影响；按照标准要求，通过智能控制使各个光源的光的色温组合达到要求
	工作模式（大空间）	桌面照度值	该模式为大空间办公室最常用的使用模式，其特点是要保证工作人员视觉要求。此情况下需要达到A级光环境质量下的桌面（例如：500 lx，4 500 K）参数要求，同时考虑天然采光的动态变化对室内照明数量的影响；按照标准要求，通过智能控制使各个光源的光的色温组合达到要求
	休息模式（大空间）	桌面照度值	该模式为大空间办公室午间休息的使用模式，其特点是要保证工作人员休息放松的需求。此情况下需要达到B级光环境质量下的桌面（例如：300 lx，4 200 K）参数要求，同时考虑天然采光的动态变化对室内照明数量的影响；按照标准要求，通过智能控制使各个光源的光的色温组合达到要求
商业建筑	有顾客模式	店铺内：一般环境照明照度、色温、显色指数，商品重点照明照度、色温、显色指数。 店铺外：一般环境照明	有顾客模式下，考虑店铺内顾客的光环境需求，以光环境舒适度、商品展示效果为评价指标，设定可接受阈值标准，将符合标准下能耗最低的参数组合作为最佳照明参数
	无顾客模式	店铺内：一般环境照明照度、色温、显色指数，商品重点照明照度、色温、显色指数 店铺外：一般环境照明	无顾客模式下，考虑店铺外顾客对店铺内光环境的影响，根据现有标准以及对调研结果的分析，店铺外一般环境照明参数取300 lx、4 000 K，以店铺光环境舒适度、店铺光环境吸引度为指标，设定可接受阈值，将符合标准下能耗最低的参数组合作为最佳照明参数

(续表)

建筑类型	模式	控制内容	控制要求
酒店建筑	睡眠模式	夜灯照度值	该模式为使用者在酒店中最重要的行为模式,其特点要求保证以下两点:其一,保证使用者睡眠时的视觉要求;其二,保证使用者在睡眠与夜间活动之间变化时要尽快达到适应的效果。此情况下需要达到A级的一般活动区0.75水平面光环境质量标准(75 lx, 3 500 K),考虑天然光变化的影响
	影音模式	电视背景墙:照度、亮度对比度	该模式为使用者休闲时最重要的模式,其特点是首要保证电视与背景墙的亮度对比。此情况下需要达到A+级的光环境质量标准(300 lx, 4 500 K),同时需要保证背景墙一定条件的照度和色温,不考虑视觉疲劳,仅考虑天然光变化的影响
	工作模式	工作面照度值	该模式为最常用的酒店使用模式,即在酒店客房内进行工作的模式,其特点是要保证使用者工作的视觉要求。此情况下需要达到A级光环境质量下的写字台(例如:300 lx, 4 000 K)参数要求,同时考虑天然采光的动态变化对室内照明数量的影响;按照标准要求,通过智能控制使各个光源的光的色温组合达到要求
教育建筑	上课模式(黑板)	黑板面照度值、桌面照度值	该模式为最常用的教室使用模式,即在课上教师使用黑板上课的模式,其特点是要同时保证教师、学生看黑板的视觉要求以及学生在桌面进行视觉作业的视觉要求。此情况下需要达到A级光环境质量下的桌面(例如:300 lx, 5 500 K)、大教室黑板(例如:465 lx, 5 500 K)、小教室黑板(例如:375 lx, 5 500 K)参数要求。同时为了确保学生的视点在桌面与黑板面之间变化时要尽快达到适应的效果,经过试验设计与验证,大教室要保证桌面的照度数量是黑板面的照度数量的约0.6倍,小教室要保证桌面的照度数量是黑板面的照度数量的约0.8倍,且该比例保持不变,同时要考虑视觉疲劳随时间的变化规律以及天然采光的动态变化对室内照明数量的影响,使得控制策略中照明数量的变化符合以上约束条件。按照标准要求,通过智能控制使各个来源的光的色温组合达到要求;黑板上课模式无须考虑投影面的照明参数

（续表）

建筑类型	模式	控制内容	控制要求
教育建筑	上课模式（投影）	黑板面照度值、桌面照度值、投影面照度值	该模式为教室中较为常用的模式，在此条件下首先要满足投影面的视觉需要，这就要求投影面的照明要随 PPT 背景的灰度变化进行调整，使得亮度对比度达到使人舒适的范围。以黑白灰为例：白色背景，白色深色 5%～25%，幕布前 1 000～1 440 lx，4 500 K，投影面照明 300 lx，4 500 K；深灰背景，黑色淡色 35%～50%，幕布前 215～450 lx，4 500 K，投影面照明 70 lx，4 500 K。同时，黑板面的照明数量应该满足基本的视觉作业的需要，即达到 B 级光环境质量的要求（160 lx，4 500 K）
	自习模式	黑板面照度值、桌面照度值	该模式为学生自主学习时最重要的模式，其特点是首先要保证课桌面上的视觉要求，此情况下需要达到 A＋级的桌面光环境质量标准（400 lx，5 500 K），同时需要保证一定条件的黑板面的视觉需求（大教室照明数量约为桌面照明数量的 0.6 倍：240 lx，5 000 K；小教室照明数量约为桌面照明数量的 0.8 倍：320 lx，5 000 K），不考虑投影及视觉疲劳，仅考虑天然光变化的影响
	课间模式	黑板面照度值、桌面照度值	与上课模式（黑板）相一致，不考虑疲劳影响及投影面问题，仅考虑天然光的影响，达到 A 级桌面光环境质量标准（300 lx，5 500 K），大教室黑板面 465 lx、5 500 K，小教室黑板面 375 lx、5 500 K

【步骤三】 选择适当的控制策略

在这一阶段，设计师应该适当地选择最适合应用需要的控制策略。照明设计倡导“以人为本”的设计理念，营造人性化的效果，照明控制策略正是基于“人使用灯”行为的研究而发展的。

① 天然采光控制。若能从窗户或天空获得自然光，即所谓的利用天然光，则可以关闭电灯或降低电力消耗并节能。利用天然采光节能与许多因素有关，如天气状况，建筑的造型、材料、朝向和设计，传感器和照明控制系统的设计和安装，以及建筑物内活动的种类、内容等。天然采光的控制策略通常用于办公建筑、机场、集市和大型廉价商场等。天然采光的“空盒子”一般采用光敏传感器实现。应当注意的是，由于天然采光会随时间发生变化，因此通常需要和人工照明相互补充。因为天然采光的照明效果通常会随与窗户的距离增大而降低，所以一般将靠窗 4 m 以内的灯具分为单独的回路，甚至将每一行平行于窗户的灯具都分为单独的回路，以便进行不同亮度水平调节，

保证整个工作空间内的照度。

② 时间表控制。时间表控制分为可预知时间表控制和不可预知时间表控制两种。对于每天使用内容及使用时间变化不大的场所，可采用可预知时间表控制策略。这种控制策略通过定时控制方式来满足活动要求，适用于普通的办公室、按时营业的百货商场、餐厅或者按时上下班的厂房。对于每天使用内容及使用时间经常变化的场所，可采用不可预知时间表控制策略。这种控制策略采用人体活动感应开关控制方式，以应付事先不可预知的使用要求，主要适用于会议室、复印中心、档案室等场所。

③ 局部光环境控制。局部光环境控制是指按个人要求调整光照。照明标准的制定主要是符合多数人满意的照度水平，考虑个人的视觉差异，可以根据工作人员个人的视觉作业要求、爱好等需要来调整照度。目前，通过遥控技术可实现局部光环境控制。个人控制局部光环境的一大优点是，它能赋予工作人员控制自身周围环境的权力感，这有助于工作人员心情舒畅，使工作效率得以提高。

④ 平衡照明日负荷曲线控制。电力公司为了充分利用电力系统中的装置容量，提出了“实时电价”的概念，即电价随一天中不同的时间而变化，鼓励人们在电能需求低谷的时段用电，以平衡日负荷曲线。我国部分城市和地区现已推出“峰谷分时电价”，将电价分为峰时段、平时段和谷时段，电能需求高峰时电价贵，低谷时电价廉。用户可以在电能需求高峰时卸掉一部分电力负荷，以降低电费支出。另外，也可以在电能需求低谷时储蓄一部分电能，譬如目前已经研制出的用电设备可在夜晚充电蓄能，白天自动放电。

⑤ 亮度平衡控制。这一策略利用了明暗适应现象，即平衡相邻的不同区域的亮度水平，以减少眩光和阴影，减小人眼的光适应范围。例如：可以利用格栅或窗帘来减少日光在室内墙面形成的光斑；可以在室外亮度升高时，开启室内人工照明，在室外亮度降低时，关闭室内人工照明。亮度平衡控制策略通常用于隧道照明的控制，室外亮度越高，隧道内照明的亮度也越高。通常，也采用光敏传感器来实现，但控制的逻辑恰好相反。

⑥ 维持光通量控制。通常，照明设计标准中规定的照度标准是指“维持照度”，即在维护周期末还要保持这个照度值。因此，新安装的照明系统提供的照度应比这个数值高 20%～35%，以保证经过光源的光通量衰减、灯具的积尘、室内表面的积尘等在维护周期末仍能达到照度标准。维持光通量策略即对初装的照明系统减少电力供应，降低光源的初始流明，而在维护周期末达到最大的电力供应，从而减少每个光源在整个寿命期间的电能消耗。

【步骤四】 选择照明控制方式

合理的照明控制方式是实现舒适照明的有效手段，也是节能的有效措施，其控制方式主要有静态控制和动态控制两种。

① 静态控制，即开关控制。开关控制是灯具最简单、最根本的控制方式。采用这种方式可以根据灯具的使用情况以及不同的功能需求，方便地开灯或关灯。这是目前最为常见、使用最普遍的照明控制方式。

开关控制可分为跷板开关控制、断路器控制和人员占用传感器控制等。其中，人员占用传感器与调光技术的并用，不仅可以控制灯的开关状态，而且还可以控制空间的照度水平，这将使一个人走入完全黑暗空间时的不舒适感大为减少。目前，又发展了定时控制、光电感应开关控制、声控开关控制等。

② 动态控制，即调光控制。为了实现不同类型的功能用房（如会议厅、演讲厅、宴会厅等）的多功能要求，需要营造不同的光环境，调光控制是实现这一目的的有效方式。

调光即改变光源的光通量输出。随着电力电子技术的发展，通过控制可控电力电子器件的导通角来调节负载的输入电压，改变光源的输入功率，从而使光源输出的光通量发生变化。

【步骤五】 方案设计

当产品选择完成后，设计师就可以在工程的照明平面图纸上布局系统控制装置。不同的照明控制产品需要具体的设计细节。比如，当采用传感器感应开关时，方案中应包括放置各个传感器的位置以及每一个传感器覆盖的范围。对开关而言，方案中应说明位置和控制任务。对自然采光控制来说，方案中还应包括照度传感器布局以及每个覆盖区域理想的光照度设置。当使用照明控制面板时，设计师应准备接口的图表和控制计划的文档，该文档将协助设计师完成具体技术细节和规格并制定统一、完整的设计书。当智能照明控制系统的工程项目较大时，系统设备装置的具体布局可利用厂商提供的辅助设计软件自动生成，包括分配回路、开关、接触器、继电器、管道列表的设备清单，并描述面板控件的负荷等。接线管道布置图也可由辅助设计软件自动生成，包括每个面板的名称和相对于其他面板与设备的大致位置、电线的类型和面板与设备之间的导线数量以及其他重要的系统信息。

3）照明控制系统施工图设计

在进行 LED 照明系统设计之前，应具备以下初始资料：

① 施工图。

② 建筑的平面、立面和剖面图。

③ 工艺设备布置图（生产车间或实验室等）或室内布置图（办公室、商店、影剧院或歌舞厅等）。

④ 建筑和工艺对电气照明的要求（设计任务书）。

⑤ 照明电源的进线方位。

LED 照明系统图纸设计一般分为以下几步：

① 确定照度标准。

② 选择 LED 照明的方式。

③ LED 光源和灯具的选择。

④ LED 灯具的合理布置。LED 照明光线的投射方向、工作面上的照度、照度的均匀性和眩光的限制等都直接与灯具的布置有关。布置是否合理还影响到照明的安装容量和费用。因此，灯具的布置主要考虑能经济地获得该房间所要求的照明质量，同时又要考虑维护检修的方便与安全。

⑤ LED 照度的计算。决定安装灯具的数量及光源的容量，或者验算照度值。

在此基础上，进行供电和控制系统的电气设计，具体包括以下几个方面：

① 考虑照明供电系统，确定控制方式。

② 划分各分配电盘供电的范围及其位置的选择。

③ 支线负载的分配和走线路径的确定。

④ 进行负荷计算。计算各支线和干线的工作（计算）电流、确定各线路的截面以及开关、插座、熔丝、变压器等的规格。

⑤ 选择导线的截面型号及敷设方式。

⑥ 各配电盘上的开关电器和保护电器的配置。

⑦ 管道汇总和提交土建资料。在设计过程中，应与其他工种的设计（网络、音响、通信管线以及给排水的管道）进行管道汇总，看是否有矛盾和冲突的地方；同时提交在土建施工中电气要求的预埋件和预留孔道的资料。

⑧ 绘制 LED 照明设计的图纸。主要包括平面布置图、供电系统图、控制系统图并附上图纸目录，将电气照明设计的全套图纸和表格编号列表。

⑨ 列出 LED 照明设备和主要材料表。

⑩ 概算。

4）照明控制系统安装和调试

在照明控制工程的安装和调试阶段，设计师应提供安装指南和细节的图纸。必要时，可以参阅产品生产商提供的其他应用和设计的详细信息资料。任何项目的成功与否，在很大程度上都依赖调试。最理想的情况是，整个过程应该是项目工程师、产品生产商、承包商和场馆业主/操作者之间的完美合作。为了促进这种合作，设计师应在一些工程实施细节中注明调试要求。

4. 设计示例

以某高档办公区域 LED 照明设计为例，分析智能照明控制系统的考虑因素。

1）办公视觉环境的要求

从广义上说，办公建筑包罗万象，凡是人们以文字形式处理事务的场所都可以说是办公建筑。从狭义的角度，办公建筑一般是指办公室、写字楼、商务中心等。无论是从工作内容、空间，还是建筑本身都有许多不同的特征，归纳起来办公建筑有以下几种类型：

① 按高度，有低层办公楼和高层办公楼。

② 按空间，有大开间办公室和分间式（私人）办公室。

③ 按工作内容，有一般办公室和专业性办公室。

办公照明的目的就是要创造一个良好的办公环境。随着社会的发展，人们要求办公环境不仅要有足够的工作照明，而且要营造舒适的视觉环境。具体包括如下要素：

① 选择合适的照度。

② 减少光源的直接眩光和反射眩光。

③ 室内装饰和光源的显色性。

④ 室内亮度的合理分布。

一个良好的建筑环境，如房间形状、窗户大小、室内绿化、户外景观等都是舒适的视觉环境必不可少的条件。由于办公场所的特殊性，要求办公人员需要长时间地保持头脑清新、舒适和平和的心态，工作高效而不感疲倦。办公室一般在白天的时候使用率最高，办公空间的采光通常根据办公功能的需要，在对自然光的充分利用的同时，结合人工照明，以保持稳定、合理、舒适、健康的光环境。

2）办公照明的处理手法

办公建筑的照明是一项综合性工程，在进行建筑设计时，首先从建筑环境着手，使办公室更舒适。大空间、低屏风，加上桌子和橱柜的灵活组合或玻璃隔断，形成既分间又空旷的办公空间，改善工作人员和部门之间的闭塞关系，再点缀性布置花卉、盆景，改变传统办公室的沉闷气氛是目前流行的办公环境。当然，这仅是空间的改变，要达到综合效果，还必须解决照明、空调、声学等方面的许多问题。办公照明的处理手法有以下一些原则：

（1）结合不同顶棚形式采用不同照明形式。采用顶棚照明的办公室，为防止眩光，一般采用顶棚暗装式照明器，通常称为发光天棚。特别是大开间办公环境，顶棚照明应注意大面积均匀亮度造成的郁闷感，努力创造不均匀的亮度。另外，还应注意照明器和空调风口的协调、配合。不采用顶棚照明的办公室，可利用桌子或橱柜等处的向上或向下的照明器得到没有眩光的照明。办公工作面利用可移动光源向下照射，能获得足够的照度。采用橱柜上面或隐蔽光源向上来获得顶棚的间接照明，可得到顶棚明暗分布的亮度，使单调、乏味的环境得以改变，但明暗分布不能过于悬殊。必要时，采用吸顶式照明器(带栅格或乳白罩)作为空间的辅助照明或其他装饰照明(投射灯、壁灯),使视觉环境更富于变化。

(2) 注意节约能源和照明经济。根据国内外有关资料介绍,办公照明用电量占整个大楼能耗约 1/3;办公照明的设备费用(包括照明器的配线工程费)约占电器工程总费用的 10%以上。因此,采用适当的照度标准是做好照明设计的前提。另外,尽可能采用 LED 等新光源,加强照明控制设计,选用合适的照明器,便于灯具的安装、维修等都是照明工程值得探讨的问题。

3) LED 局部照明

一般照明通常无法满足各项视觉任务的要求,这就需要采用局部照明加以补充,以营造更加和谐的光环境。局部照明适用于有间隔的办公室,可以有效地减少阴影,缓和亮度对比,并且可以适当降低一般照明的水平。通常,一般照明和局部照明对工作区域的照度贡献各占 50%。局部照明灯具应安装在视线之上,高出桌面约 0.6 m。如果是可调式灯架的灯具则更好,这样既能根据不同的作业迅速变动灯位,寻找合适的角度,使眼睛看不到光源,又能均匀地照亮整个作业区。局部照明的控制也非常重要,尤其是调光控制,以满足各种视觉任务所需的照度。

4) LED 一般照明

LED 一般照明是为了给整个房间提供均匀的照度。通常,一般照明采用将管型 LED 灯规则排列,灯具呈直线状排列或网格状布置。在大开间办公室中,天花板在人的视野中占有很大比例,因此照明方案中要考虑照亮天花板和墙面的顶部,满足人的视觉要求。由于一般照明灯具的光大部分都是由上而下的光线,光线比较单一,故照明效果尤其是立体效果较差。而且,在有间隔的情况下,很容易造成大的阴影。为减少阴影、营造舒适的环境,应增加垂直照度,并采用天然采光作为辅助的照明手段。这样,不仅可以降低用电消耗,而且可以减少一般照明引起的单调性,有利于工作人员的心理健康。一般照明中的一个重要环节是照明控制,合理的照明控制不仅可以更充分地满足照明需求,而且可以有效地减少能耗。

由于 LED 一般照明的灯具及光源比较单一,因此照明效果比较单调,工作人员在此种照明环境下很容易疲惫。此时,加一些艺术品或者其他局部照明效果,可打破这种单一的光环境。不同的光环境还可以使工作人员很容易地确定自己的方位,更容易找到自己的目标。但要注意,这种变化和装饰不能过多;否则,会分散工作人员的注意力。

5) LED 动感照明

如前所述,单一的照明会使工作人员疲倦,从而影响工作效率和热情,适当改变办公室的光环境可以减少这种影响。一般有两种方法可以使光环境随时间的流逝而变化：一是采用动感照明，动感照明系统要求两个或更多光源及灯具，通过控制系统使多种光源及灯具之间进行光线调节，使光色和亮度发生变化，从而达到目的；二是引入天然采光，产生与室外相同的变化，此方法符合人们的生理规律，使人更亲近自然，而且可以有效地节约能源。

6）LED 控制方案

（1）通过设置在门厅的人体感应器自动开启灯光进入欢迎模式。

（2）通过智能控制面板自动调节灯光亮度，自动切换场景控制，如工作模式、会客模式、休息模式等，也可启用、停用门厅人体感应器。

（3）系统自动调节室内照明，使照度永远保持在一个舒适的数值，确保稳定、舒适的办公环境。

（4）系统实现恒照度控制。当外部光线较弱时，自动调亮灯光；当外部光线较强时，自动调弱灯光，使办公室保持在一个恒定的照度值。

7）灯具的选择和系统的确定

本案例选择长 9.3 m、宽 5.1 m 的大空间办公区域。根据已选 LED 灯具进行照度计算（或使用照度计算软件 DIALux 仿真模拟），公式如下：

灯具个数 = 房间面积 × 照度标准值（500 lx）/单灯具总光通量 × 利用系数 × 维护系数（0.8）

计算照度值不应低于该场所照度标准值的 10%。

该区域灯具选 9 个 T5 LED 双管灯盘，瓦数为 16 W，光通量为 1 850 lm，色温为 4 000 K。同时，设置恒照度探测器和存在感应探测器，总线形式选择 KNX 总线。

2.3 健康照明

2.3.1 技术概况

1. 技术描述

合格的照明设计能营造出舒适的照明环境，满足人们的视觉需求。在照明设计过程中，特别是随着LED照明技术的持续发展，LED照明产品不断涌现，如何才能实现安全有效的LED照明环境越来越得到人们的重视。

照明设计规范明确了针对不同类型空间的照明标准，是从各个空间功能活动的正常照明需求衍生出来的，可确保在执行各种任务时获得良好的视敏度，以避免眼疲劳并最大限度地减少生产力下降和头痛。光是人类眼睛可以看见的一种电磁波，光还会以非视觉方式影响人体。人类和动物体内都有生物钟，能够按照约24小时的周期同步生理功能，这称为昼夜节律。光使身体的生物钟在昼夜节律光诱导的过程中保持同步。

目前，我们关注的LED健康照明设计要素有亮度、眩光、照度均匀度、照度、显色指数、色温、发光强度、频闪、生物节律和光生物安全等。

2. 技术内容

1）亮度

亮度是反映发光体（反光体）表面发光（反光）强弱的物理量，公式为

$$L = d^2\Phi/(dA \cdot \cos\theta \cdot d\Omega)$$

式中，$d\Phi$——由给定点的光束元传输的并包含给定方向的立体角 $d\Omega$ 内传播的光通量（lm）；

dA——包括给定点的射束截面积（m^2）；

θ——射束截面法线与射束方向间的夹角（°）。

亮度过低,不便于视觉工作;亮度过高,很容易引起眼部疲劳,甚至伤害眼睛的健康,造成视力下降、近视、散光、白内障和头痛等健康问题。由于过强的亮光会大量消耗眼睛视网膜视杆细胞的感光物质——视紫红质,造成视力暂时性减退,对于尚处于生长发育期的儿童来说,更容易导致近视。

2) 眩光

由于视野中的亮度分布或亮度范围的不适宜,或存在极端的对比,以致引起不舒适感觉或降低观察细部或目标的能力的视觉现象。

$$UGR = 8\lg(0.25/L_b)\sum(L_a^2 \cdot \omega/P^2)$$

眩光主要有直接眩光、反射眩光和光幕反射。直接眩光是指由视野中特别是在靠近视线方向存在的发光体所产生的眩光;反射眩光是指由视野中的反射引起的眩光,特别是在靠近视线方向看见反射像所产生的眩光;光幕反射是指视觉对象的镜面反射,使视觉对象的对比降低,以致部分地或全部地难以看清细部。眩光是引起视觉疲劳的重要原因之一。

3) 照度均匀度

照度均匀度是指规定表面上的最小照度与平均照度之比。

$$U_0 = E_{min}/E_{av}$$

光线分布越均匀,照明环境越好,视觉感受越舒服。

4) 照度

照度是指入射在包含该点的面元上的光通量 $d\Phi$ 除以该面元面积 dA 所得之商。

$$E = d\Phi/dA$$

单位为勒克斯(lx), $1\ lx = 1\ lm/m^2$。

平均照度,是指规定表面上各点的照度平均值。

维持平均照度,是指在照明装置必须进行维护时在规定表面上的平均照度。这是为确保工作时视觉安全和视觉功效所需要的照度。

在一般情况下,设计照度值与照度标准值相比较,可有0%～20%的偏差。

5) 显色指数

显色指数是光源显色性的度量。以被测光源下物体颜色和参考标准光源下物体颜色的相符合程度来表示。

一般显色指数是指光源对国际照明委员会(CIE)规定的第 1～8 种标准颜色样品显色指数的平均值。通称显色指数,符号是 R_a。

特殊显色指数是指光源对国际照明委员会(CIE)规定的第 9～15 种标准颜色样品

的显色指数,符号是 R_i。

显色性是指与参考标准光源相比较,光源显现物体颜色的特性。使用显色指数(R_a)高的光源,其数值越接近 100,显色性越好,越能表现物体本来的颜色。

6) 色温

当光源的色品与某一温度下黑体的色品相同时,该黑体的绝对温度为此光源的色温,亦称“色度”。单位为开(K)。

当光源的色品点不在黑体轨迹上,且光源的色品与某一温度下的黑体的色品最接近时,该黑体的体的绝对温度为此光源的相关色温,简称“相关色温”。单位为开(K)。

色容差:表征一批光源中各光源与光源额定色品的偏离,用颜色匹配标准偏差 SDCM 表示。

光源色温不同,人的视觉带来的感觉也不相同。色温越低,色调越暖;色温越高,色调越冷。采用低色温光源照射,使红色具有鲜艳感;采用中色温光源照射,使蓝色具有清凉感;采用高色温光源照射,使物体有冷的感觉。

白天的自然光源属于较高的色温,而黄昏的自然光源属于低色温,因此人类的大脑在高色温照明下会比较有精神,而在低色温照明下则会认为该休息了。利用这个人体规律,可以通过对光源色温的调节来满足特定环境对照明的需求。

7) 发光强度

发光强度简称“光强”,该物理量的符号为 I,单位是 cd。发光体在给定方向上的发光强度是该发光体在该方向的立体角元 $d\Omega$ 内传输的光通量 $d\Phi$ 除以该立体角元所得的商,即单位立体角的光通量。其公式为

$$I = d\Phi / d\Omega$$

光强分布:用曲线或表格表示光源或灯具在空间各方向的发光强度值,也称配光。

8) 频闪

频闪:光源发出的光随着时间呈现出一定频率、周期的变化。

频闪效应:在以一定频率变化的光照射下,观察到物体运动显现出不同于其实际运动的现象。

(光)闪变指数:短期内低频(80 Hz 以内)光输出闪烁影响程度的度量。用于评价照明产品由于电压波动所引起可见闪烁影响,覆盖频率为 0.05~80 Hz。

频闪效应可视度:光输出频率范围为 80~2 000 Hz 时,短期内频闪效应影响程度的度量。用于评价频闪效应的指标,覆盖频率为 80~2 000 Hz。

频闪比:在某一频率下,光输出最大值与最小值的差与二者之和的比。频闪比也称为“波动深度”。

9）生物节律

生物节律，亦称“生物钟”，是指有机体内部发生的周期性变化过程。最典型的例子是睡眠与觉醒的周期性交替。交替之所以表现出准确的节律性，一方面取决于身体器官和细胞机能状态的周期性变化；另一方面是环境的影响，如太阳和月亮升起、下落的周期变化。太阳、月亮的运动规律直接影响地球上生物的节律性变化，人的体温在一昼夜内出现节律性升降等。

生物钟现象使人在一天的不同时刻工作效率不一。骤然改变正常的昼夜节律（如从地球的东部迁到西部居住）会使人的机体功能混乱、情绪烦躁，工作效率降低。研究证实，每个人从他出生之日直至生命终结，体内都存在着多种自然节律，如体力、智力、情绪、血压等，人们将这些自然节律称作生物节律或生命节奏等。人体内存在一种决定人们睡眠和觉醒的生物钟，生物钟根据大脑的指令，调节全身各种器官以 24 小时为周期发挥作用。生物钟使人有高潮期和低潮期，二者之间为临界期。高潮期，人的思维敏捷、情绪高涨、体力充沛，可以充分发挥自己的潜能；低潮期，人的思维迟钝、情绪低落、耐力下降；临界期，人的判断力较差，易出差错。

掌握人体生物节奏的规律，是为了扬长避短，使人们更好地工作、学习和生活。

采用节律照明模式，既与室外天然光的变化规律相一致，又考虑了不同的天气状况，不仅有利于调节和改善人的情绪，还可以提高工作效率。

10）光生物安全

光生物安全的概念，有狭义和广义两种理解方式。狭义的光生物安全，是指光的辐射效应带来的安全性问题；广义的光生物安全，泛指光辐射对人体健康产生的安全性问题，囊括了光的视觉效应、光的非视觉效应和光的辐射效应。

光的视觉效应是指光引起视觉的作用，是光的最基本效应。光视觉健康是照明的最基本要求。影响光的视觉效应的因素包括光的亮度、空间分布、显色性、眩光、颜色特性、闪烁特性等，会造成眼睛疲劳、视力模糊以及在视觉相关作业方面的效率下降等危害。

光的非视觉效应是指光引起人体除视觉外的其他生理和心理反应，与人们的工作效率、安全感、舒适感、生理和情绪健康等有关。

光的辐射效应是指不同波段的光辐射对人的皮肤、角膜、晶状体、视网膜等部位产生作用而导致人体组织受到损伤。光的辐射效应按照其作用机理，可分为光化学伤害和热辐射伤害两类。具体而言，包括光源的紫外光化学危害、视网膜蓝光危害、皮肤热危害等各类危害。人体在一定程度上可以抵御或修复这些伤害带来的影响，但当光辐射效应达到一定的限值后，人体的自我修复能力就不足以修复这些损伤，损伤会进行积累从而产生不可逆的影响，如视力衰退、视网膜病变、皮肤损伤等。

总体来说，人体健康与光环境之间存在着复杂的多因素交互作用和正负反馈机制。光对于生物的作用，尤其是对人体产生的生物效应，与光的波长、强度、作用条件、生物体的状态等多种因素有关。

3. 适用范围

1）办公建筑

办公建筑的大厅：要考虑视觉空间适当的照度、均匀度，眩光须控制在恰当的范围内；选择的灯具应具备合适的显色指数、色温范围，同时灯具的频闪、光生物安全指标须符合设计要求。

办公建筑的办公室：要考虑视觉空间适当的照度、均匀度，眩光须控制在恰当的范围内；选择的灯具应具备合适的显色指数、色温范围，同时灯具的频闪、光生物安全指标须符合设计要求；建议考虑节律健康照明的应用。

办公建筑的会议室：要考虑视觉空间适当的照度、均匀度，眩光须控制在恰当的范围内；选择的灯具应具备合适的显色指数、色温范围，同时灯具的频闪、光生物安全指标须符合设计要求。

2）酒店建筑

酒店建筑的大堂：要考虑视觉空间适当的照度、均匀度；选择的灯具应具备合适的显色指数、色温范围，同时灯具的频闪、光生物安全指标须符合设计要求。

酒店建筑的客房：要考虑视觉空间适当的照度；选择的灯具应具备合适的显色指数、色温范围，同时灯具的频闪、光生物安全指标须符合设计要求；建议考虑节律健康照明的应用。

酒店建筑的餐厅：要考虑视觉空间适当的照度、均匀度，中餐厅的眩光须控制在恰当的范围内；选择的灯具应具备合适的显色指数、色温范围，同时灯具的频闪、光生物安全指标须符合设计要求。

3）医院建筑

医院建筑的大厅：要考虑视觉空间适当的照度、均匀度，眩光须控制在恰当的范围内；选择的灯具应具备合适的显色指数、色温范围，同时灯具的频闪、光生物安全指标须符合设计要求。

医院建筑的病房：要考虑视觉空间适当的照度、均匀度，眩光须控制在恰当的范围内；选择的灯具应具备合适的显色指数、色温范围，同时灯具的频闪、光生物安全指标须符合设计要求；建议考虑节律健康照明的应用。

医院建筑的诊疗室：要考虑视觉空间适当的照度、均匀度，眩光须控制在恰当的范围内；选择的灯具应具备合适的显色指数、色温范围，同时灯具的频闪、光生物安全指标须符合设计要求；建议考虑节律健康照明的应用。

4）商业建筑中的超市

要考虑视觉空间适当的照度、均匀度，眩光须控制在恰当的范围内；选择的灯具应具备合适的显色指数、色温范围，同时灯具的频闪、光生物安全指标须符合设计要求；建议考虑节律健康照明的应用。

2.3.2 技术导则

1. 设计依据

目前在照明设计领域，《建筑照明设计标准》（GB 50034—2013）是一部非常重要的设计规范，对照度、照度均匀度、眩光限制、色温等指标都有明确的要求。

1）办公建筑照明标准值（表 2-9）

表 2-9 办公建筑照明标准值

房间或场所	参考平面及其高度	照度标准值（lx）	*UGR*	U_0	R_a
普通办公室	0.75 m 水平面	300	19	0.60	80
高档办公室	0.75 m 水平面	500	19	0.60	80
会议室	0.75 m 水平面	300	19	0.60	80
视频会议室	0.75 m 水平面	750	19	0.60	80
接待室、前台	0.75 m 水平面	200	—	0.40	80
服务大厅、营业厅	0.75 m 水平面	300	22	0.40	80
设计室	实际工作面	500	19	0.60	80
文件整理、复印、发行室	0.75 m 水平面	300	—	0.40	80
资料、档案存放室	0.75 m 水平面	200	—	0.40	80

注：此表适用于所有类型建筑的办公室和类似用途场所的照明。

2）商店建筑照明标准值（表 2-10）

表 2-10 商店建筑照明标准值

房间或场所	参考平面及其高度	照度标准值（lx）	*UGR*	U_0	R_a
一般商店营业厅	0.75 m 水平面	300	22	0.60	80
一般室内商业街	地面	200	22	0.60	80
高档商店营业厅	0.75 m 水平面	500	22	0.60	80

（续表）

房间或场所	参考平面及其高度	照度标准值(lx)	UGR	U_0	R_a
高档室内商业街	地面	300	22	0.60	80
一般超市营业厅	0.75 m 水平面	300	22	0.60	80
高档超市营业厅	0.75 m 水平面	500	22	0.60	80
仓储式超市	0.75 m 水平面	300	22	0.60	80
专卖店营业厅	0.75 m 水平面	300	22	0.60	80
农贸市场	0.75 m 水平面	200	25	0.40	80
收款台	台面	500*	—	0.60	80

注：* 指混合照明照度。

3）旅馆建筑照明标准值(表 2-11)

表 2-11　旅馆建筑照明标准值

房间或场所		参考平面及其高度	照度标准值(lx)	UGR	U_0	R_a
客房	一般活动区	0.75 m 水平面	75	—	—	80
	床　头	0.75 m 水平面	150	—	—	80
	写字台	台面	300*	—	—	80
	卫生间	0.75 m 水平面	150	—	—	80
中餐厅		0.75 m 水平面	200	22	0.60	80
西餐厅		0.75 m 水平面	150	—	0.60	80
酒吧间、咖啡厅		0.75 m 水平面	75	—	0.40	80
多功能厅、宴会厅		0.75 m 水平面	300	22	0.60	80
会议室		0.75 m 水平面	300	19	0.60	80
大　堂		地面	200	—	0.40	80
总服务台		台面	300*	—	—	80
休息厅		地面	200	22	0.40	80
客房层走廊		地面	50	—	0.40	80
厨　房		台面	500*	—	0.70	80
游泳池		水面	200	22	0.60	80
健身房		0.75 m 水平面	200	22	0.60	80
洗衣房		0.75 m 水平面	200	—	0.40	80

注：* 指混合照明照度。

4）医疗建筑照明标准值（表 2-12）

表 2-12 医疗建筑照明标准值

房间或场所	参考平面及其高度	照度标准值（lx）	UGR	U_0	R_a
治疗室、检查室	0.75 m 水平面	300	19	0.70	80
化验室	0.75 m 水平面	500	19	0.70	80
手术室	0.75 m 水平面	750	19	0.70	90
诊 室	0.75 m 水平面	300	19	0.60	80
候诊室、挂号厅	0.75 m 水平面	200	22	0.40	80
病 房	地面	100	19	0.60	80
走 道	地面	100	19	0.60	80
护士站	0.75 m 水平面	300	—	0.60	80
药 房	0.75 m 水平面	500	19	0.60	80
重症监护室	0.75 m 水平面	300	19	0.60	90

5）对眩光限制提出三条措施

（1）长期工作或停留的房间或场所，选用的直接型灯具的遮光角不应小于表 2-13 的规定。

表 2-13 直接型灯具的遮光角

光源平均亮度（kcd/m^2）	遮光角（°）
1～20	10
20～50	15
50～500	20
≥500	30

（2）防止或减少光幕反射和反射眩光应采用下列措施：

- 应将灯具安装在不易形成眩光的区域内；
- 可采用低光泽度的表面装饰材料；
- 应限制灯具出光口表面发光亮度；
- 墙面的平均照度不宜低于 50 lx，顶棚的平均照度不宜低于 30 lx。

（3）有视觉显示终端的工作场所，在与灯具中垂线成 65°～90°范围内的灯具平均亮度限值应符合表 2-14 的规定。

表 2-14　灯具平均亮度限值(cd/m²)

屏幕分类	灯具平均亮度限值	
	屏幕亮度大于 200 cd/m²	屏幕亮度小于等于 200 cd/m²
亮背景暗字体或图像	3 000	1 500
暗背景亮字体或图像	1 500	1 000

6) 对作业面周边及背景照明照度的规定

(1) 作业面邻近周围照度可低于作业面照度,但不宜低于表 2-15 中的数值。

表 2-15　作业面邻近周围照度

作业面照度(lx)	作业面邻近周围照度(lx)
≥750	500
500	300
300	200
≤200	与作业面照度相同

注:作业面邻近周围指作业面外宽度不小于 0.5 m 的区域。

(2) 作业面背景区域一般照明的照度不宜低于作业面邻近周围照度的 1/3。

7) 对照明光源色温的规定

(1) 室内照明光源色表特征及适用场所宜符合表 2-16 的规定。

表 2-16　光源色表特征及适用场所

相关色温(K)	色表特征	适用场所
<3 300	暖	客房、卧室、病房、酒吧
3 300～5 300	中间	办公室、教室、阅览室、商场、诊室、检验室、实验室、控制室、机加工车间、仪表装配场所
>5 300	冷	热加工车间、高照度场所

(2) 长期工作或停留的房间或场所,照明光源的显色指数(R_a)不应小于 80。在灯具安装高度大于 8 m 的工业建筑场所,R_a 可低于 80,但必须能够辨别安全色。

(3) 选用同类光源的色容差不应大于 5 SDCM。

(4) 当选用发光二极管灯光源时,其色度应满足下列要求:

- 长期工作或停留的房间或场所,色温不宜高于 4 000 K,特殊显色指数 R_9 应大于零;
- 在寿命期内发光二极管灯的色品坐标与初始值的偏差在《均匀色空间和色差公式》(GB/T 7921—2008)规定的 CIE 1976 均匀色度标尺图中,不应超过 0.007;
- 发光二极管灯具在不同方向上的色品坐标与其加权平均值偏差在《均匀色空间

和色差公式》(GB/T 7921—2008)规定的 CIE 1976 均匀色度标尺图中,不应超过 0.004。

在《绿色建筑评价标准》(GB/T 50378—2019)中,其第 5.1.5 条第 2 款(控制项)内容要求:人员长期停留的场所应采用符合《灯和灯系统的光生物安全性》GB/T 20145 规定的无危险类照明产品。由于某些灯和灯系统存在光学辐射危害,从照明产品光生物安全性角度,现行国家标准《灯和灯系统的光生物安全性》GB/T 20145 规定了照明产品不同危险级别的光生物安全及相关测试方法,为保障室内人员的健康,人员长期停留场所的照明应选择安全组别为无危险类的产品。

8) 健康照明参数

参考《建筑照明设计标准》(GB 50034—2013)、《WELL 健康建筑标准》和《健康建筑评价标准》(T/ASC 02—2016),健康照明参数如表 2-17 所示。

表 2-17 健康照明参数

建筑空间	分时段行为场景	健康照明需求	健康照明参数 EML	健康照明参数 EDI	参考面
办公室	8:00—12:00 上午工作时段; 12:00—14:00 中午休息时段; 14:00—18:00 下午工作时段	视觉舒适,降低视疲劳,调动积极情绪,提高工作效率	工作时段:不少于 75% 的工作区域内的主要视线方向生理等效照度 EML 不低于 250 lx,且时数不低于 4 h/d; 休息时段:生理等效照度 EML 不高于 50 lx	工作时段:不少于 75% 的工作区域内的主要视线方向日光 D65 生理等效照度 EDI 不低于 227 lx,且时数不低于 4 h/d; 休息时段:日光 D65 生理等效照度 EDI 不高于 45 lx	垂直面地板上方 1.2 m
旅馆客房	7:00—20:00 白天居住时段; 20:00—22:00 夜间居住时段	视觉舒适,减少昼夜节律紊乱,改善睡眠质量,调动积极情绪	白天时段:主要视线方向生理等效照度 EML 不低于 200 lx; 夜间时段:生理等效照度 EML 不高于 50 lx	白天时段:主要视线方向日光 D65 生理等效照度 EDI 不低于 181 lx; 夜间时段:日光 D65 生理等效照度 EDI 不高于 45 lx	白天时段:垂直面地板上方 1.2 m; 夜间时段:地板上方0.76 m
商场营业厅	9:00—13:00 上午营业时段; 13:00—18:00 下午营业时段; 18:00—21:00 晚间营业时段	视觉舒适,降低疲劳,调动积极情绪	主要视线方向生理等效照度 EML 不低于 250 lx	主要视线方向日光 D65 生理等效照度 EDI 不低于 227 lx	垂直面地板上方 1.2 m

2. 设计要点

1) 眩光控制

在照明设计过程中,可以在照明灯具选择和照明灯具布置这两方面采取措施,以实现控制眩光的目的。

(1) 照明灯具选择

人眼水平视角 45°以内是直接眩光区,即在该区域内的光源会产生直接眩光。灯具保护角又叫"遮光角",是指光源发光体最外沿一点和灯具出光口边沿的连线与通过光源光中心的水平线之间的夹角,角度越大,眩光越小。

① 选用合适的配光曲线的灯具。例如在教室照明设计中,一般选择蝙蝠翼式宽型配光专用灯具,该灯具横截面光分布成35°以上角度时,发光强度锐减,即采用保护角分析方法,这款灯具在0°～55°的范围内的发光强度值很小,灯具保护角为55°,非常有利于防止直射眩光。

② 采用遮光罩或格栅等灯具配件,进一步增加灯具的保护角,如果能至少达到45°,就能有效地控制眩光。

③ 可以选择磨砂玻璃、乳白玻璃、塑料等透光材料作为灯具的反光面,降低和均衡反光面的表面亮度,控制眩光。

(2) 照明灯具布置

为避免产生光幕反射,须恰当地处理眼睛、反射面和光源这三者的位置关系,如图2-19所示。光线可以通过反射面、以镜面反射的方式射入人眼,形成眩光,从而影响阅读,伤害眼睛。

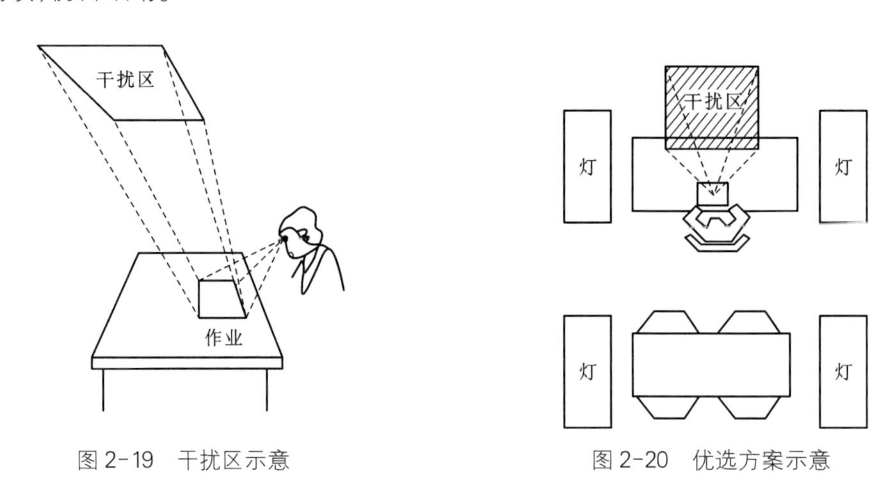

图2-19　干扰区示意　　图2-20　优选方案示意

照明设计中,灯具不应布置在干扰区内,可采用在视觉工作区域上方两侧布置灯具的方案,如图2-20所示。同时,为减少直接眩光的影响,灯具长边应与阅读者主视线方向平行,一般多与窗平行方向布置。以此为原则,处理诸如办公室的照明设计,光源既有照明灯具也有正午高亮度的窗户,反射面既有书本也有计算机显示屏,一般采用双管或多管嵌入式荧光灯光带或块形布灯方案,其目的是限制干扰区。

在建筑空间内尽可能增加灯具离工作面的距离,这样做既增加了眼睛和光源的距离,又减少了直接眩光区内的光源数量,有效地改善了眩光的影响。一般来说,表面亮度高的灯具或保护角小的灯具,应尽可能安装得高一点。由于灯具内光源的数量越多,造成眩光的可能性也就越大,因此要限制灯具内光源的数量。

要重视视觉目标的背景的亮度,视觉目标亮度与背景亮度的差别不能很大,避免产生眩光危害。在室内照明设计中,要保证墙面和顶棚有相当的照度标准。如果室内空间较高,在考虑灯具时,可选择半间接照明灯具,该类灯具除向下照射外,还有部分光线投射到顶棚,形成间接照明,保证了顶棚一定的照度值,能够营造更加舒适宜人的光环境氛围。如果室内空间有吊顶,一般采用嵌入式或吸顶式灯具。

2) 照度调节

为保证人眼的视觉工作,在视觉目标上须达到相关标准的照度指标的要求。当照度发生偏离时,就须通过调节措施,将照度控制在合适的范围内。

在办公室、阅览室等单功能场所,根据《建筑照明设计标准》(GB 50034—2013)的照度要求,设计布置 LED 灯具。考虑灯具功能衰减等因素,该类场所的照度可以按照《建筑照明设计标准》(GB 50034—2013)中规定的照度标准数值的 1.1～1.2 倍进行设计。在光线较暗的白天特别是夜晚,主要采用人工照明来保证照度,照明空间内的绝大部分 LED 灯具都要在工作状态或者每个 LED 灯具都要输出绝大部分光通量。在自然光很强的白天特别是正午,视觉目标区域的照度已经达到一定水平,采用调节措施,打开一部分 LED 灯具或者每个 LED 灯具输出一部分光通量,使得照度达到设计标准的要求。特别是当自然光超强时,可以通过控制窗帘的开度,限制自然光光通量进入照明空间,控制视觉目标的照度不超过合适的范围值。在确定 LED 灯具的控制回路时,要兼顾自然光的因素,即可以参照距离窗户的远近来规划照明控制回路。

在会议室、大厅等多功能场所,参照空间的各个功能需求,根据《建筑照明设计标准》(GB 50034—2013)的照度要求,在这个照明空间中会有多个照度标准的场景须实现。采用调节措施,在空间使用功能切换时,选择确定的照度标准,操作 LED 灯具按照规划的控制回路和执行步骤,控制整个照明空间的 LED 灯具投入数量或者每个 LED 灯具所要输出的光通量,保证合适的照度水平。甚至,在人员休息时,可以调整 LED 灯具和窗帘开度,将空间照度控制到最小值,满足人员休憩的功能。

照明控制的措施有手动控制和自动控制。手动控制主要就是人员操作安装在现场的照明翘板壁开关,控制 LED 灯具按照规划的控制回路打开或者关闭。自动控制就是要有一套照明控制系统,由传感器元件、控制主机设备、照明控制软件及数据通信系统等部件构成。传感器元件包括人体移动传感器、光亮照度传感器以及智能输入面板,感知空间中人员的存在和初始照度值以及人员的要求等状态信息。照明控制可以采用感光控制、时间控制、人体移动控制、人工控制等模式,数据通信系统采用有线或无线技术来实现。

3）色温调节

色温是表示光线中包含颜色成分的一个计量单位。在照明设计过程中，色温是一个非常重要的指标，色温对人的情绪、健康都有很大的影响。

当色温小于3 300 K时，处于暖色调范围，给人以温暖、放松的感觉；当色温在3 300～5 300 K时，处于中间色调范围，给人以自然、平稳的感觉；当色温大于5 300 K时，处于冷色调范围，给人以肃穆、清冷的感觉。

从阅读的角度来看，中间色调色温的光线柔和、白中偏黄，是自然光中最有利于眼睛健康的阅读色温范围。从人体神经系统功能来看，色温较低数值的光线，能使人体处于放松状态，能平稳情绪、帮助睡眠；色温较高数值的光线，能使人体处于兴奋状态，集中注意力，专注于眼前的工作，提高工作效率。

在酒店客房的床头、医院病房、住宅卧室等场所，选用色温小于3 300 K的灯具。在酒店客房的写字台、办公室、教室、阅读室、医院诊疗室等场所，选用色温3 300～5 300 K的灯具。在精细加工车间、高照度等场所，选用色温大于5 300 K的灯具。

LED灯具的色温调节方法是采用调光电源驱动两种色温（偏暖色和偏冷色）白光的LED阵列，通过调节这两种色温的LED灯具驱动电流比例来调节暖白LED阵列和冷白LED阵列的亮度比例，两种色温的LED阵列密集交替排列，使得两种色温光源充分混光，实现了灯具的整体色温调节。

色温除了影响眼睛健康外，也影响到人体中枢神经系统的功能：高色温的环境能提高大脑的兴奋度，能集中注意力，提高人体警觉感知水平；低色温的环境能降低大脑的兴奋度，不影响褪黑素的产生，有利于人体情绪舒展，帮助睡眠。

4）频闪控制

《建筑照明设计标准》（GB 50034—2013）要求：

（1）光源和灯具的闪变指数（Pst^{LM}）不应大于1。

（2）人员长期工作或停留的房间或场所采用的照明光源和灯具，其频闪效应可视度（SVM）不应大于1.6；中小学校、托儿所、幼儿园建筑主要功能房间采用的照明光源和灯具，其SVM值不应大于1.0。

IEEE发布的《LED照明闪烁的潜在健康影响》（IEEE PAR 1789：2013）中对频闪的判定标准如图2-21所示，图中右下部分为“无影响”区域（绿色区域），中间带状区域为“低风险”区域（橙色区域），左上部分为“有影响”区域（白色区域）。

“低风险”和“无影响”的影响水平的闪烁频率和波动深度函数关系对无频闪判定标准是：

（1）当频率低于9 Hz时，波动深度不大于0.288%。

（2）当频率在9～3 125 Hz范围内时，波动深度不大于0.032%。

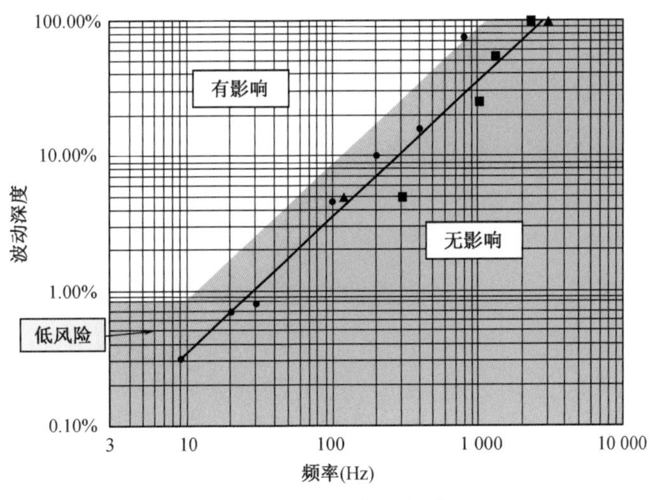

图 2-21　频闪判定标准

(3) 当频率大于 3 125 Hz 时，认为无频闪。

在建设工程中，照明设计一定要控制频闪的影响，原则上波动深度越低越好。对于 LED 光源，减轻频闪影响的关键因素是电光源、驱动等技术。在办公、医疗、酒店、商业等有视觉作业要求的场所，选择“低风险”甚至“无影响”标准的光源，特别是在例如医疗检验等有运动部件的、对视觉高要求的用房，须选择“无影响”标准的光源，避免由于频闪问题影响操作人员的视觉而引起判断结果的偏离甚至错误。

光源选择时，应检查复核 LED 光源的波动深度指标。

5) 节律健康照明

将“遵循人的节律健康”作为节律照明的目标。在目前阶段科研中，节律指标有三大体系——EML、EDI 和 CS，其各有特点。

现代研究发现，光线作用于非视觉感光细胞(ipRGC)，非视觉感光细胞接受光照刺激脑部 SCN 降低褪黑素分泌，影响睡眠效果。从节律健康角度出发，白天要抑制褪黑素的分泌，使人能以清醒饱满的状态投入学习工作中；夜晚要通过褪黑素的分泌，使人能进入深度睡眠的状态以获得生理和心理的恢复。节律健康照明就是要实现这样的目标。

我们的视觉工作，从传统的读书写字，逐渐转化为电脑前操作的模式，同时人与人的沟通越来越频繁，工作中的会议模式已是常态。因此，我们现在越来越多地关注空间视亮度，即在眼睛部位的照度值。考虑控制眩光的目的，可以采用间接照明来提高眼睛部位的垂直照度值，同时视觉空间的顶面、墙面甚至地面，采用反射率较高的表面材料，以保证必要的垂直照度。

节律健康照明在夜间，就是要考虑在不干扰人体规律的前提下，如何实现一定照度指标，满足人们的视觉工作要求。研究发现，光源合适的光谱既能避免干扰人体褪黑素的分泌，又能保证一定的空间照度。采用RGBW四色调光技术的灯具能做到光谱可调，满足节律健康照明的需求。

实现高效率节律健康照明，主要有以下两个方法：

（1）照明设计须重视眼睛部位的垂直照度。在照明设计过程中，重视视觉空间中的吊顶、墙面、底板、桌面、柜体表面等用材的光线反射率，须选择反射率高的材料；从灯具常规布置的位置来看，视觉空间中的吊顶和墙面材料是设计师必须重点关注的因素。

（2）照明设计须选择满足节律要求且光效高的光源。在照明设计过程中，须仔细对比不同灯具的节律效应与视觉效率。在满足节律效应指标的前提下，选择视觉效率高的产品。

基于非视觉效应的动态光环境设计方法，需在“人基动态光环境基准曲线”基础上，根据不同建筑功能、健康照明需求、不同天气、不同光气候区、不同季节，形成因人、因时、因地、因需的动态光环境设计方案，如图2-22所示。

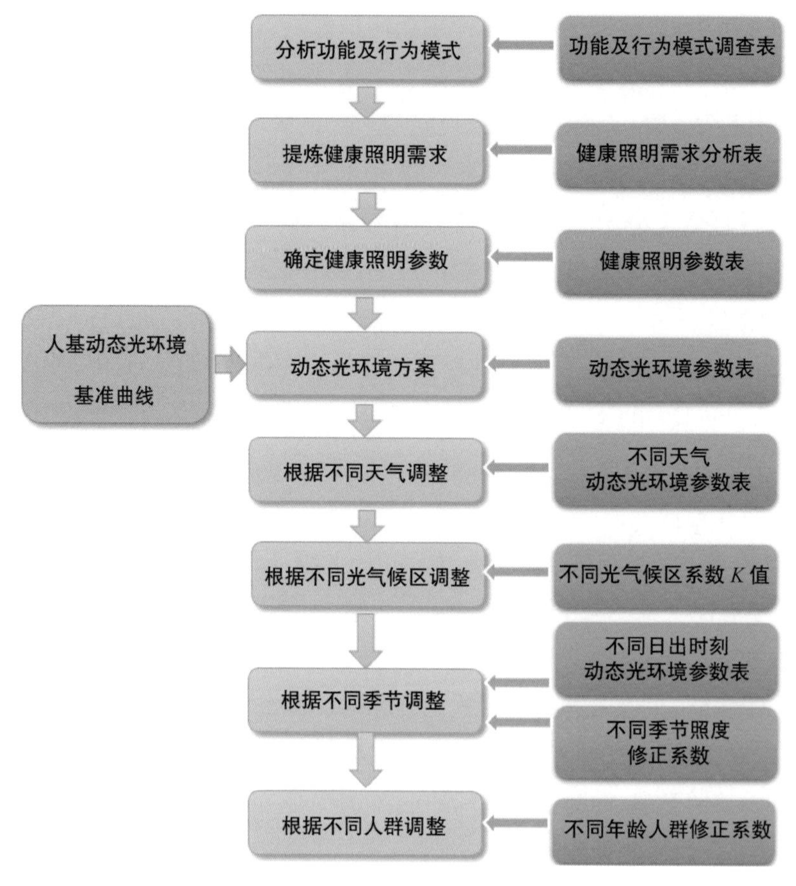

图2-22　基于非视觉效应的动态光环境设计流程

动态照明设计首先必须确定建筑空间的功能，对该空间的行为模式进行深入研究，区分不同时段的行为场景，并参照《建筑照明设计标准》(GB 50034—2013)等相关标准和规范，列出其对应的参考平面/高度以及照度标准值。

根据设计对象的功能及行为模式，分析其基本照明需求，并对其健康照明需求进行进一步分析和提炼。

根据设计对象的健康照明需求，参考《建筑照明设计标准》(GB 50034—2013)、《WELL 健康建筑标准》和《健康建筑评价标准》(T/ASC 02—2016)，确定其健康照明参数。

根据空间场所的健康照明参数，结合"人基动态光环境基准曲线"，拟定其健康照明动态光环境方案。

生理等效照度 EML 和日光 D65 生理等效照度 EDI 取决于光源的光谱组成(色温)和强度(垂直照度)。因此，在具体实施的时候需要对选用光源不同色温下的光谱进行测量，并通过 WELL 相应的计算工具箱对其 *R*(EML)值和生理等效照度 EML 进行计算，或通过 CIE DIS 026 标准的工具箱对其视光效率 *K* 值(ELR)和日光 D65 生理等效照度 EDI 进行计算，对健康照明动态参数进一步细化。

考虑天气的动态模式，天然光的色温随时都在发生变化，为了协调天然光和人工照明，需要根据室外天然光的色温实时调节室内人工照明的色温，但需控制色温的上限和下限值。

在天然光和人工照明结合的健康照明动态光环境设计中，室内光环境的照度参数需要根据不同光气候区室外天然光的照度进行调整。

根据不同季节进行动态照明参数调整，需要考虑不同的日出日落时间，特别是日出时间；在天然光和人工照明结合的健康照明动态光环境设计中，室内光环境的照度参数需要根据室外天然光的照度进行调整。具体调整方法为：以当地春秋季平均照度为基准照度，"基准照度/夏季照度"为夏季室内光环境的照度折减系数，"基准照度/冬季照度"为冬季室内光环境的照度调增系数。

当室内光环境的使用人群为年轻人时，其人眼晶状体的透射率较高，同等照度水平下接收到的光照水平更高，可以将室内光环境的照度参数适当调低；当室内光环境的使用人群为年龄较大的人时，其人眼晶状体的透射率较低，同等照度水平下接收到的光照水平更低，可以将室内光环境的照度参数适当调高。具体调整方法为：以 32 岁人群的人眼晶状体的透射率为基准，将室内光环境的照度除以相应年龄的褪黑素修正系数。

研究表明，高能短波蓝光(400～450 nm)会对人的视网膜造成损伤，导致视力下降，加速眼球的黄斑变性，甚至会诱发失明，被称为"有害的蓝光"；长波蓝光波段(450～500 nm)，对人眼非视觉生物效应最灵敏，被称为"良好的蓝光"。目前常见的

LED，其蓝光光谱成分大部分处于高能短波蓝光400～450 nm范围内，而在长波蓝光波段450～500 nm却十分缺乏，这不仅不利于视觉健康，也不利于调动积极情绪和提升工作效率。对比研究非视觉光谱响应曲线和视网膜蓝光危害曲线，可以发现两条曲线不完全重叠，通过优化LED的光谱组成，将LED芯片光谱峰值从“有害的蓝光”范围调整到“良好的蓝光”范围，既可以避开高能短波蓝光的危害，又能利用长波蓝光的生物效应，进而获得有利于人体健康的照明光源。

因此，就当前人基动态光环境实施而言，应尽量选择满足光通量、显色性、闪烁、眩光限制、控制、电气安全等要求的光源和灯具，同时应分析其光谱组成，尽量选择光谱组成富含长波蓝光波段的光源。

随着照明科学的发展，高精度的调光方法是实现科学照明、健康照明的必经之路。调光技术是健康照明调节中至关重要的一部分，它决定了光源是否能得到精确控制，各调光参数是否能满足预期。

(1) 在人员长期逗留的工作场所，为了实现光环境动态调节的功能，应具备时钟控制(按照预设照明场景动态调节灯光)和天然光联动控制的智能照明控制系统。根据照明场景的切换条件(时间和照度指标)，控制其输出参数。

(2) 就当前人基动态光环境实施而言，需要控制系统能进行色温和照度的实时调节，从“接收实测数据—系统运算—发出指令—完成调光”需控制在1 s范围内。其中，色温调节范围2 700～6 500 K，调节精度不大于100 K；照度调节范围300～3 000 lx，调节精度不大于50 lx。

(3) 在健康照明实施中，还必须严格控制由于LED驱动电源产生的频闪影响，特别是要慎重选择调光方式。当采用PWM调光时，需要合理选择调制频率。

(4) 在人基动态光环境实施过程中，在可能的情况下，还应根据具体使用者的偏好和需求，确定相应的局部照明控制调光策略，并充分赋予使用者局部照明调控的自主权，从而更好地满足用户差异化的使用需求。

在建设工程中，照明设计一定要重视照明系统对人体节律的影响。在办公、医疗、酒店、商业等有视觉作业要求的场所，特别是地下室、医院治疗病房等有特殊节律需求的空间，须按照白天和夜晚不同的节律要求来设计照明系统。

6) 照度均匀度

光线分布越均匀，照度均匀度越接近1，视觉感受越舒服；反之，照度均匀度越小，越增加视觉疲劳感。

在建设工程中，照明设计一定要控制好照度均匀度。原则上，均匀度越高越好。因此，在办公、医疗、酒店、商业等有视觉作业要求的场所，须要求照明设计中的照度均匀度不低于相关场所对应的设计标准所限定的指标。可采取以下措施提高照度均匀度：

(1) 灯具具备合适的配光曲线。在办公、阅览、会议、操作台等水平工作面的场所，选择蝙蝠翼式宽型配光曲线(图 2-23)的灯具。该类型灯具的最大发光强度不在其 0°位置，即在离灯具最近的垂直面对应的发光强度不是最大值，按照这款灯具的配光曲线，最大发光强度在大约 30°的位置，按照公式 E(照度) = I(发光强度)/r^2(距离平方)的关系，可知在大约 30°的范围内的照度是达到均匀度的要求的。

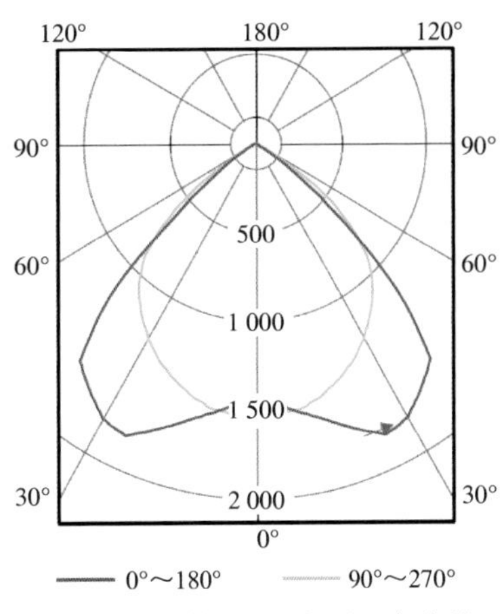

图 2-23　蝙蝠翼式宽型配光曲线

(2) 灯具的合理布置。在照度不超过设计标准前提下，增加灯具数量，甚至在条件满足的前提下，将整个空间的顶部设计成发光顶棚，可进一步提高照度均匀度。

7) 显色指数

显色指数是评价光源还原被照物体真实颜色能力的指标，是照明质量的一个重要的内容。

光源的光谱越接近日光的光谱，其显色指数就越高；显色指数越高，还原能力越强，画面越接近事实特征。

在建设工程中，照明设计一定要把握好光源的显色指数。原则上，显色指数越高越好。因此，在办公、医疗、酒店、商业等有视觉作业要求的场所，照明设计中须要求显色指数不低于相关场所对应的设计标准所限定的指标。

提高显色指数，须在设计过程中明确显色指数的数值。

8) 光生物安全

人在光源和灯具附近会受到各类辐射，包括皮肤和眼睛的光化学紫外危害、眼睛的近紫外危害、视网膜蓝光危害、视网膜热危害、眼睛的红外辐射危害、皮肤热危害等。

依据《灯和灯系统的光生物安全性》(GB/T 20145—2006)的要求，这些辐射危害不能超过规定的相应曝辐限值(表 2-18)。

表 2-18　连续辐射灯危险类发射限

危险	光化光谱	符号	发射限			单位
			无危险	低危险	中度危险	
光化紫外	$S_{UV}(\lambda)$	E_s	0.001	0.003	0.03	$W \cdot m^{-2}$
近紫外		E_{UVA}	10	33	100	$W \cdot m^{-2}$
蓝光	$B(\lambda)$	L_R	100	10 000	4 000 000	$W \cdot m^{-2} \cdot sr^{-1}$

（续表）

危险	光化光谱	符号	发射限			单位
			无危险	低危险	中度危险	
蓝光小光源	$B(\lambda)$	E_B	1.0[a]	1.0	400	$W \cdot m^{-2}$
视网膜的热危险	$R(\lambda)$	L_R	$28\,000/\alpha$	$28\,000/\alpha$	$71\,000/\alpha$	$W \cdot m^{-2} \cdot sr^{-1}$
视网膜的热的、微弱的、视觉的刺激[b]	$R(\lambda)$	L_{IR}	$6\,000/\alpha$	$6\,000/\alpha$	$6\,000/\alpha$	$W \cdot m^{-2} \cdot sr^{-1}$
红外辐射眼睛		E_{IR}	100	570	3 200	$W \cdot m^{-2}$

a. 小光源被定义为 $A<0.011$ rad 的源，在 10 000 s 时平均视场是 0.1 rad。
b. 涉及非普通照明光源的评价

从辐射危害的角度出发，灯具被划分为四类：无危险类、1 类危险（低危害）、2 类危险（中度危害）和 3 类危险（高危害）。

在建设工程中，照明设计一定要限制好灯具的辐射危害。原则上，辐射危害越小越好。因此，在办公、医疗、酒店、商业等有视觉作业要求的场所，照明设计中须要求选择辐射危害指标低的灯具。在人员长时间工作的场所和涉及婴幼儿的场所，应选择无危险类灯具。

限制辐射危害，须在设计过程中对灯具的各类辐射危害的指标数值进行检查，选择满足国家标准规定的灯具产品。

3. 设计流程

1）方案设计阶段

（1）明确照明空间的功能需求。

（2）明确照明空间的健康照明内容。

（3）确定健康照明各项内容的技术指标。

（4）与业主沟通并确认设计内容。

2）扩初设计阶段

（1）根据空间土建参数，结合照明各项需求，进行相关照明计算。

（2）根据照明计算及健康原则，初步确定照明方案：灯具的各项技术要求和灯具的布置定位。

（3）编制初步设计文件：

- 设计依据；
- 工作界面；
- 工作内容；

- 各类照明指标；
- 向电气等其他专业提出诸如馈电等配合要求；
- 灯具布置图。

3）施工设计阶段

（1）根据初步确定的照明方案，初步确定符合要求的各灯具具体产品型号。

（2）根据具体的照明产品，比较优化照明方案，形成照明优化方案。

（3）将调整后的照明优化方案同业主沟通，从技术和经济等方面分析比较，最终确定照明方案。

（4）根据锁定的照明方案的灯具技术参数，在空间照明设计中开展灯具的安装方式、配电方式、安全保护措施以及同其他设计专业配合协调等工作，将选择的灯具按要求落实在空间中。

（5）完成施工图设计文件：

- 施工图设计说明；
- 空间照明平面图、剖面图；
- 灯具配电系统图；
- 灯具控制系统图；
- 灯具安装详图；
- 灯具清单。

（6）施工过程中，在施工现场提供技术服务。

方案设计阶段、扩初设计阶段及施工设计阶段流程如图 2-24～图 2-26 所示。

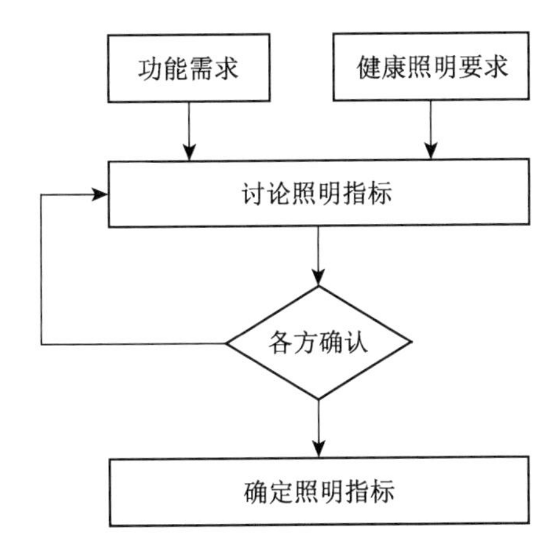

图 2-24　方案设计阶段流程

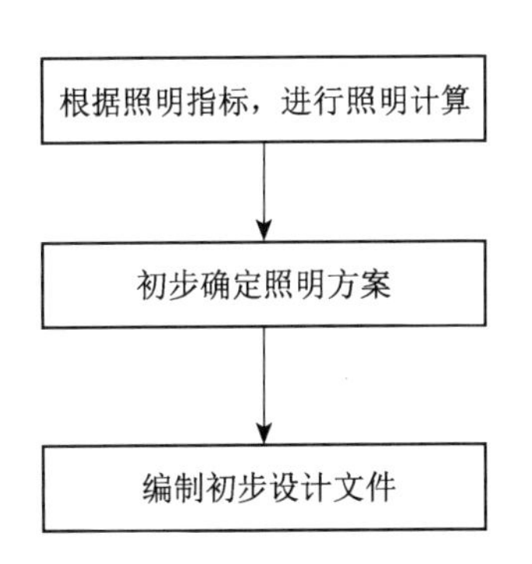

图 2-25　扩初设计阶段流程

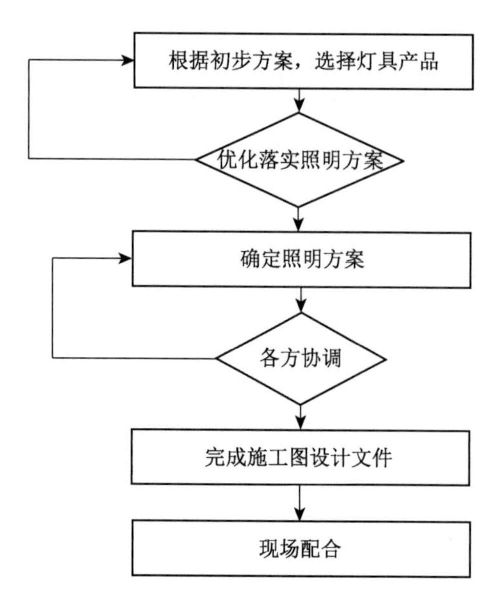

图 2-26 施工设计阶段流程

4. 技术建议

1）办公建筑

（1）大厅

照度值为 300 lx；均匀度为 0.4；统一眩光值为 22；显色指数为 80；色温为 3 300～5 300 K。

通过智能照明控制系统，充分利用自然光，在满足照度标准的同时，实现节能的目的；选用频闪低风险类或无影响类的 LED 光源；从照明产品光生物安全性角度着手，选择安全组别不低于 1 类危险的 LED 灯具。

（2）办公室

照度值为 500 lx（高端）或 300 lx（经济）；均匀度为 0.6；统一眩光值为 19；显色指数为 80；色温为 3 300～5 300 K。

通过智能照明控制系统，充分利用自然光，在满足照度标准的同时，实现节能的目的；实施节律健康照明，关注眼部垂直照度的设计；选用频闪无影响类的 LED 光源；从照明产品光生物安全性角度着手，选择安全组别为无危险类的 LED 灯具。

（3）会议室

照度值为 750 lx（视频）或 300 lx（普通）；均匀度为 0.6；统一眩光值为 19；显色指数为 80；色温为 3 300～5 300 K。

通过智能照明控制系统，根据不同的照明功能需求，实现不同的照明环境标准；选用频闪无影响类的 LED 光源；从照明产品光生物安全性角度着手，选择安全组别为无危险类的 LED 灯具。

2）医疗建筑

（1）大厅

照度值为 200 lx；均匀度为 0.4；统一眩光值为 22；显色指数为 80；色温为 3 300～5 300 K。

通过智能照明控制系统，充分利用自然光，在满足照度标准的同时，实现节能的目的；选用频闪低风险类或无影响类的 LED 光源；从照明产品光生物安全性角度着手，选择安全组别不低于 1 类危险的 LED 灯具。

（2）病房

照度值为 100 lx；均匀度为 0.6；统一眩光值为 19；显色指数为 80；色温小于 3 300 K。

通过智能照明控制系统，根据不同的时间段的作息安排，实现不同的照明环境标准，病房设置满足医护人员操作要求的局部照明灯具，其色温为3 300～5 300 K；实施节律健康照明，关注光源光谱的合理选择；选用频闪无影响类的 LED 光源；从照明产品光生物安全性角度着手，选择安全组别为无危险类的 LED 灯具。

（3）诊疗室

照度值为 300 lx；均匀度为 0.7；统一眩光值为 19；显色指数为 80；色温为 3 300～5 300 K。

通过智能照明控制系统，根据不同的照明功能需求，实现不同的照明环境标准；根据诊疗需求，调节不同的色温，营造不同的治疗环境；实施节律健康照明，关注眼部垂直照度的设计；选用频闪无影响类的 LED 光源；从照明产品光生物安全性角度着手，选择安全组别为无危险类的 LED 灯具。

3）酒店建筑

（1）大堂

照度值为 200 lx；均匀度为 0.4；显色指数为 80；色温为 3 300～5 300 K。

通过智能照明控制系统，充分利用自然光，在满足照度标准的同时，实现节能的目的；选用频闪低风险类或无影响类的 LED 光源；从照明产品光生物安全性角度着手，选择安全组别不低于 1 类危险的 LED 灯具。

（2）客房

照度值为 300 lx（阅读）或 75 lx（一般活动）；显色指数为 80；色温小于 3 300 K。

通过智能客房控制系统，根据不同的使用功能需求，实现不同区域的不同的照明环境标准；根据使用功能需求，调节不同的色温，营造不同的生活环境；实施节律健康照明，关注光源光谱的合理选择；选用频闪无影响类的 LED 光源；从照明产品光生物安

表 2-19　索引表格

空间功能 \ 内容指标		照度(lx)	均匀度	统一眩光值	显色指数	色温(K)	频闪	光生物安全	节律健康照明
办公建筑	大厅	300	0.4	22	80	3 300～5 300	低风险类或无影响类	1 类危险或无危险类	—
	办公室	500(高端)或 300(经济)	0.6	19	80	3 300～5 300	无影响类	无危险类	眼部垂直照度
	会议室	750(视频)或 300(普通)	0.6	19	80	3 300～5 300	无影响类	无危险类	—
医疗建筑	大厅	200	0.4	22	80	3 300～5 300	无影响类	1 类危险或无危险类	—
	病房	100	0.6	19	80	小于 3 300	无影响类	无危险类	光源光谱
	诊疗室	300	0.7	19	80	3 300～5 300	无影响类	无危险类	眼部垂直照度
酒店建筑	大堂	200	0.4	—	80	3 300～5 300	低风险类或无影响类	1 类危险或无危险类	—
	客房	300(阅读)或 75(一般活动)	—	—	80	小于 3 300	无影响类	无危险类	光源光谱
	餐厅	200(中餐厅)或 150(西餐厅)	0.6	22(中餐厅)	80	3 300～5 300	无影响类	无危险类	—
商业建筑	超市	500(高端)或 300(经济)	0.6	22	80	3 300～5 300	无影响类	无危险类	眼部垂直照度

全性角度着手，选择安全组别为无危险类的 LED 灯具。

(3) 餐厅

照度值为 200 lx(中餐厅)或 150 lx(西餐厅)；均匀度为 0.6；统一眩光值为 22(中餐厅)；显色指数为 80；色温为 3 300～5 300 K。

通过智能照明控制系统，根据不同的照明功能需求，实现不同的照明环境标准；选用频闪无影响类的 LED 光源；从照明产品光生物安全性角度着手，选择安全组别为无危险类的 LED 灯具。

4) 商业建筑

超市：照度值为 500 lx(高端)或 300 lx(经济)；均匀度为 0.6；统一眩光值为 22；显色指数为 80；色温为 3 300～5 300 K。

通过智能照明控制系统，根据不同的营业时间和区域功能需求，实现不同的照明环境标准；实施节律健康照明，关注眼部垂直照度的设计；选用频闪无影响类的 LED 光源；从照明产品光生物安全性角度着手，选择安全组别为无危险类的 LED 灯具。

5. 索引表格

索引表格见表 2-19。

案例篇

3.1 世博会地区 E06-04A 地块新建项目

3.1.1 示范项目概况

项目是由一栋 18 层办公塔楼和四栋 2～3 层商业裙楼组成的商业办公综合设施，地下 3 层。总建筑面积 80 042.46 m²，其中地上建筑面积为 53 042.46 m²，地下建筑面积为 27 000 m²，容积率 4.62，绿化率 20%。1 号、2 号商业裙房 2 层，建筑高度 10.5 m；3 号、4 号商业裙房 3 层，建筑高度 15.0 m；5 号办公塔楼 18 层，建筑高度 80.0 m。绿色建筑三星级设计评价标识，LEED 金级。

本项目示范技术主要是 5 号办公塔楼，示范区域包括标准层办公室以及公共区域（走廊、电梯厅、卫生间），总示范建筑面积约 4 663 m²。总平面图及效果图如图 3-1 所示，项目施工现场如图 3-2 所示。

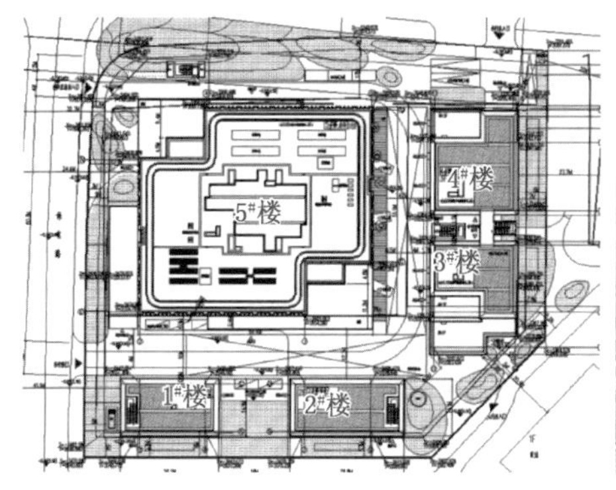

图 3-1 总平面图及效果图

图 3-2　项目施工现场

3.1.2　示范技术

1. 照明建筑一体化模块

本项目所有区域照明均采用 LED 照明灯具，所有功能房间照明功率密度值按《建筑照明设计标准》（GB 50034—2013）照明节能的目标值进行设计。所有功能房间均采用 LED 光源，光源隐藏。办公区域照明将光源隐藏，灯具与风口集成于一体，满足构件集成、功能集成和安装集成的要求，实现了空间优化利用。

2. 可调光调色温 LED 照明

将不可调光调色温 LED 光源更换成可调光调色温光源，可在满足照度要求的同时令天花板更加清爽，独特的光学设计让光线更柔和，动态变化的色温让空间更舒适。区域配合基于时间管理的逻辑控制以及人体感应传感器，能从容地应对高峰及空闲时间的照明需求，让节能更智能。具体如图 3-4 所示。

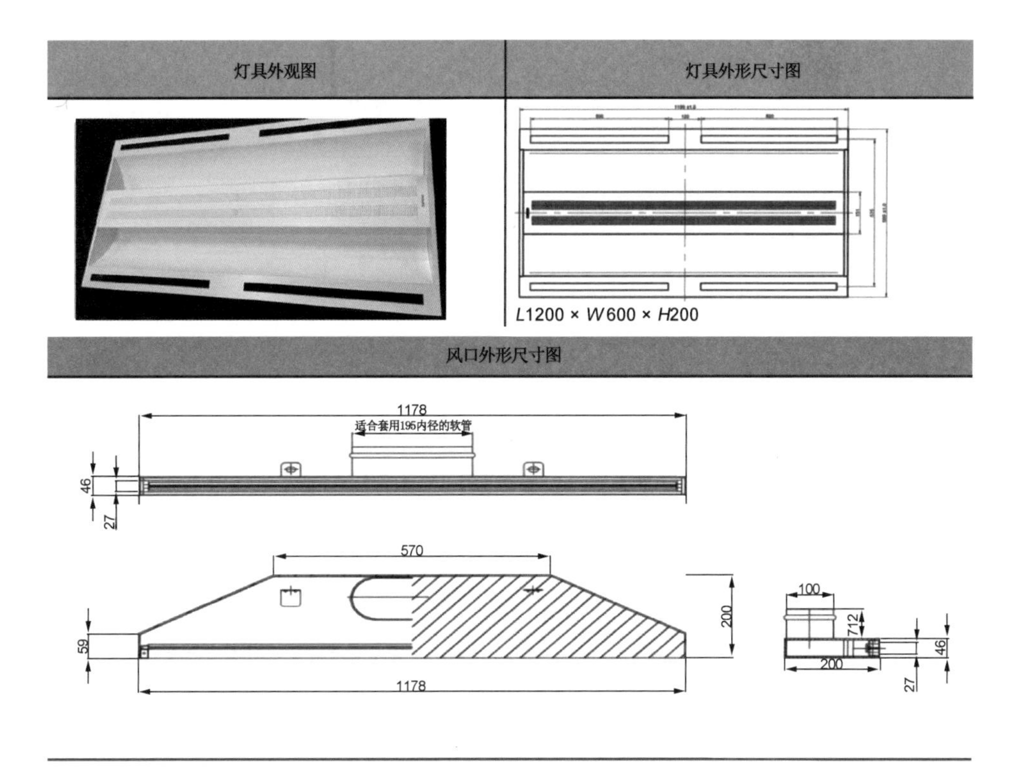

图 3-3 照明建筑一体化模块(单位：mm)

3. 基于 ZPLC 的智能照明控制技术

ZPLC(Zero Power Line Communications)通信技术解决的是 LED 智能照明应用领域称之为“最后一米”的通信难题，重点解决房间内照明控制器与灯具之间如何低成本传输照明控制数据(亮度、色温、场景、开关等)问题。该技术具有成本极低、体积小、免布线、长距离、抗干扰能力强等优点。新型电力通信解码芯片体积小、功耗低、无须天线，不受灯具外壳屏蔽的影响，方便嵌入各种灯具中。

图 3-4 电梯厅调光调色温、人体感应控制灯带

本项目在 2 层、3 层安装相应的控制系统，可以实现开关控制、亮度控制、场景控制、时序控制及远程控制，并可实现电能计量。具体如图 3-5 所示。

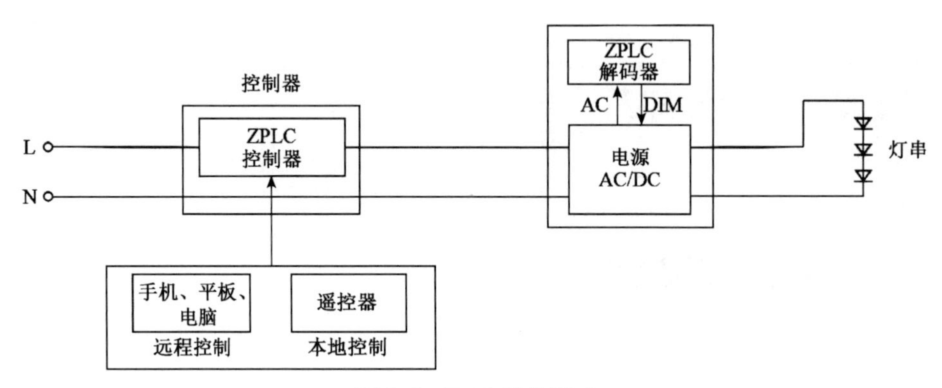

图 3-5　ZPLC 系统框图

3.1.3　主要设备清单

本项目的主要设备清单如表 3-1～表 3-4 所示。

表 3-1　LED 照明灯具设备清单

序号	信息	建筑照明一体化模块/照明通风一体化模块	LED 筒灯		LED 条形灯
1	安装位置	办公区域	电梯厅	卫生间	走廊
2	功率(W)	56	8	4.8	6
3	灯具效能(lm/W)	85	—	—	—
4	光束角(°)	80°宽配光,采用 PC 光学透镜	32	25	43

表 3-2　电梯厅智能照明控制系统设备清单

序号	产品名称	型号	规格	数量	安装位置
1	调光调色温 T5 1200 日光灯	BGT1273-W10J6L8	T5 一体/10W/调光调色/全塑/2 700～5 700 K	80	电梯厅
2	导轨式智能开关	BGK8760-W30REKBS	3 000 W/远程/继电器	2	电梯厅
3	感应器	BGH8320-2	红外传感器＋雷达传感	8	电梯厅
4	智能照明控制器	BGG8813-3GSN1	64(48＋16)/20 用户/RJ45/WIFI/RS485	1	电梯厅

表 3-3 21 楼办公室智能照明控制系统设备清单

序号	产品名称	型号	个数	安装位置
1	麦思超级物联网关	MIL-W601	2	21 楼大办公室
2	麦思物联控制器-专业版	MIL-C423	76	21 楼大办公室
3	麦思物联触摸按键面板	MIL-SW04	5	21 楼大办公室
4	麦思红外移动感应器(便携版)	MIL-S101	10	21 楼大办公室
5	麦思光照度感应器(电池版)	MIL-S201	3	21 楼大办公室
6	麦思物联人员定位标签	MIL-T001	2	21 楼大办公室
7	麦思物联资产防拆标签	MIL-T002	2	21 楼大办公室

表 3-4 物业办公室智能照明控制系统设备清单

序号	产品名称	型号	个数	安装位置
1	麦思超级物联网关	MIL-W601	1	物业办公室
2	麦思物联控制器-专业版	MIL-C423	30	物业办公室
3	麦思物联触摸按键面板	MIL-SW04	3	物业办公室
4	麦思红外移动感应器(便携版)	MIL-S101	8	物业办公室
5	麦思光照度感应器(电池版)	MIL-S201	3	物业办公室
6	麦思物联人员定位标签	MIL-T001	2	物业办公室
7	麦思物联资产防拆标签	MIL-T002	2	物业办公室

3.1.4 示范项目总体评价

1. 光环境测试

现场选取办公室、电梯厅、走廊和卫生间进行测试，测试结果如表 3-5 所示。

表 3-5 现场光环境测试结果

检验场所	检验项目	标准值	检验值
办公室	水平照度平均值 E_{have}(lx)	≥500	528
	色温(K)	—	4 410
	一般显色指数 R_a	≥80	82.8
	照明功率密度 LPD(W/m^2)	≤13.5	7.96

（续表）

检验场所	检验项目	标准值	检验值
电梯厅	水平照度平均值 E_{have}(lx)	≥150	363
	色温(K)	—	3 814
	一般显色指数 R_a	≥80	84.7
	照明功率密度 LPD(W/m²)	≤5.0	3.79
走　廊	水平照度平均值 E_{have}(lx)	≥100	102
	色温(K)	—	—
	一般显色指数 R_a	≥80	—
	照明功率密度 LPD(W/m²)	≤3.5	4.2
卫生间	水平照度平均值 E_{have}(lx)	≥150	149
	色温(K)	—	3 475
	一般显色指数 R_a	≥80	83.9
	照明功率密度 LPD(W/m²)	≤5.0	4.42

从表 3-5 中可以看到，除走廊照明功率密度值略高，其他值均优于标准要求。

2. 节能率测试

1）年基准照明耗电量

依据《绿色照明检测及评价标准》(GB/T 51268—2017)，各场所的照明耗电量基准值如表 3-6 所示。

表 3-6　年基准照明耗电量计算

场所名称	面积(m²)	照明耗电量基准值[kW・h/(m²・a)]	加权照明耗电量基准值[kW・h/(m²・a)]
高档办公室(标准层)	1 852	27.73	11.0
电梯厅(参考旅馆建筑)	711	35.04	5.3
走　廊	1 680	7.2	2.6
卫生间	420	4.05	0.4
合计	4 663	—	19.3

因此，本项目年基准照明耗电量为 19.3 kW・h/(m²・a)。

2) 年照明耗电量实测值

为分析计算示范项目照明系统节能量，针对物业办公室和21楼办公室用能进行测试，为分析效果，选择了不同的测试模式，详见表3-7。

表3-7 实测照明耗电量数据(记录时间：8:00—18:00)

日期	物业办公室(面积：210 m^2)		21楼办公室(面积：850 m^2)	
	耗电量(kW·h)	控制说明	耗电量(kW·h)	控制说明
第一天	8.08	照度控制、人体感应控制	17.14	8:00—12:00 系统调试
第二天	8.82		22.03	照度控制
第三天	9.93		43.54	未开启照度控制开关

(1) 办公室照明节能对比

为对比照度控制对照明能耗的影响，分别在21楼选择两天进行对比，见表3-8。可以看出，办公区域仅照度控制就可以实现节能26%。

表3-8 照度控制对节能的影响

时间	13:00—14:00	14:00—15:00	15:00—16:00	16:00—17:00	17:00—18:00	合计
开启照度控制耗电量(W·h)	2 865	2 825	2 902	2 911	4 435	15 938
关闭照度控制耗电量(W·h)	4 313	4 316	4 315	4 341	4 319	21 604
节能率	26%					

对于办公区域，选择物业办公室的能耗作为实测耗电量的依据，截取其连续3天的测试数据进行分析。3天(每天运行10小时)照明耗电量为26.83 kW·h，按年使用250天计算，折合全年耗电量为2 235 kW·h，实测单位面积照明耗电量为10.64 kW·h/(m^2·a)，其相对于办公区域照明耗电量基准值27. 73 kW·h/(m^2·a)，节能率可达到61. 6%。

(2) 项目节能计算

本项目节能率如表3-9所示。

表3-9 节能率

房间功能	面积(m^2)	照明耗电量(kW·h)	备注
办公室	1 852	19 711	实测耗电量
电梯厅	711	3 341	根据实测照明功率计算

（续表）

房间功能	面积(m^2)	照明耗电量(kW·h)	备注
走　廊	1 680	7 895	根据实测照明功率计算
卫生间	420	2 302	根据实测照明功率计算
合　计	4 663	33 249	—
年照明耗电量实测值 [kW·h/(m^2·a)]	7.13		
节能率	63%		

3.2 甘肃省财政厅综合办公楼示范项目

3.2.1 示范项目概况

甘肃省财政厅综合办公楼(鲁班奖工程)属于改造项目(图 3-6)。整栋楼地上 15 层,层高 4.5 m,建筑高度 74.9 m,总建筑面积 41 860.31 m^2,每层面积2 473.94 m^2, 地下 2 层,其中地下一层为车库。

图 3-6 甘肃省财政厅综合办公楼

表 3-10　主要设备清单

产品名称	能耗等级	功率(W)	型号	数量	总功率(W)	色温(K)	显色指数	产品规格	安装区域
智能 LED 调光调色温筒灯	1 级	11	HEUVAN(恒亦明)	800	8 800	2 700～5 700	80	尺寸 ϕ 172×156 mm，开孔尺寸 ϕ 150 mm	走廊通道 会议室
智能 LED 调光调色温筒灯	1 级	5	HEUVAN(恒亦明)	220	1 100	2 700～5 700	80	尺寸 ϕ 115×118 mm 开孔尺寸 ϕ 95 mm	中厅
智能 LED 调光调色温射灯	1 级	3	HEUVAN(恒亦明)	40	120(装饰类计 60)	2 700～5 700	80	尺寸 ϕ 86×78 mm 开孔尺寸 ϕ 75 mm	
智能 LED 调光调色温灯管	1 级	16	HEUVAN(恒亦明)	4 000	64 000	2 700～5 700	80	T8 1 200	办公室
智能 LED 调光调色温灯管	1 级	8	HEUVAN(恒亦明)	60	480	2 700～5 700	80	T8 600	会议室
智能 LED 调光调色温灯管	1 级	12	HEUVAN(恒亦明)	80	960	2 700～5 700	80	T8 900	会议室
智能 LED 调光调色温灯带	1 级	36	HEUVAN(恒亦明)	50	1 800(装饰类计 900)	2 700～5 700	80	5m/卷	中厅、会议室
智能 LED 调光调色温面板灯	1 级	20	HEUVAN(恒亦明)	6	120	2 700～5 700	80	300 mm×600 mm	会议室
智能 LED 调光调色温面板灯	1 级	40	HEUVAN(恒亦明)	8	320	2 700～5 700	80	600 mm×600 mm	会议室
智能照明控制器		10		4	40				
智能开关		1		100	100				
总安装功率(W)		76 740＋140							

3.2.2 示范技术

1. 可调光调色温 LED 照明

基于健康照明的设计理念，本项目采用了可调光调色温的 LED 照明系统，可实现光通量从 0～100% 动态调节，色温变化范围为 2 700～6 000 K。根据“健康照明评价技术体系”和“人基动态光环境实施关键技术”，考虑人体生物节律，在办公空间实现动态光环境调节，并考虑人眼垂直照度的需求。

2. ZPLC 通信技术

ZPLC 通信技术系统分为三层，房间内的灯具设备利用 ZPLC 技术与墙面开关连接，利用原有的线路，无须重新布线；墙面开关、遥控器、无线开关、传感器、能源管理模块等与智能照明控制器利用 ZigBee 技术实现无线连接，可进行双向通信；智能照明控制器利用 IoT 物联网技术将数据上传到云端。

3. 基于物联网的智能照明云平台

本项目的照明运行数据可通过物联网接入云平台。云平台可利用大数据分析的方法，基于大数据的智能照明系统控制策略算法的科研成果，为照明系统提供智能照明控制策略。

3.2.3 主要设备清单

本项目的主要设备清单如表 3-10 所示。

3.2.4 示范项目总体评价

1. 光环境测试

现场选取办公室、会议室、大厅和走廊进行测试，测试结果如表 3-11 所示。

表 3-11 现场光环境测试结果

检验场所	检验项目	标准值	检验值
办公室	水平照度平均值 E_{have}(lx)	≥500	502
	水平照度均匀度 U_0	≥0.6	0.9

（续表）

检验场所	检验项目	标准值	检验值
办公室	色温(K)	—	4 208
	一般显色指数 R_a	≥80	84
	特殊显色指数 R_9	>0	16
	照明功率密度 LPD(W/m^2)	≤15.0	5.2
会议室	水平照度平均值 E_{have}(lx)	≥300	363
	水平照度均匀度 U_0	≥0.6	0.6
	色温(K)	—	3 956
	一般显色指数 R_a	≥80	88
	特殊显色指数 R_9	>0	35
	照明功率密度 LPD(W/m^2)	≤9.0	5.1
大　厅	水平照度平均值 E_{have}(lx)	≥200	212
	水平照度均匀度 U_0	≥0.6	0.9
	色温(K)	—	4 050
	一般显色指数 R_a	≥80	86
	照明功率密度 LPD(W/m^2)	≤9.0	4.2
走　廊	水平照度平均值 E_{have}(lx)	≥100	100
	水平照度均匀度 U_0	≥0.6	0.8
	色温(K)	—	4 201
	一般显色指数 R_a	≥80	86
	照明功率密度 LPD(W/m^2)	≤4.0	1.0

从表 3-11 中可以看到，测试结果均显著优于标准要求。同时，对不同模式下的光环境参数进行了测试，测试结果如表 3-12～表 3-15 所示，照度与色温分布如图 3-7 所示。

表 3-12　办公室不同模式的光环境测试结果

参数	模式 1	模式 4	模式 7	模式 5	模式 2	模式 6	模式 3
光输出比	100%	100%	100%	80%	60%	30%	20%
输出功率(kW)	0.225	0.225	0.225	0.180	0.135	0.0675	0.045
使用时长(h)	2	2	2	1	0.5	1.5	0

（续表）

参数		模式 1	模式 4	模式 7	模式 5	模式 2	模式 6	模式 3
作业面照度	平均值(lx)	615	610	604	475	356	193	127
	照度均匀度	0.7	0.8	0.8	0.8	0.8	0.87	0.8
垂直照度(lx)		287	—	—	—	—	—	—
亮度(cd/m^2)	面板灯	3 340	—	—	—	1 842	—	623
	墙面	120	—	—	—	73	—	26
	顶棚	64	—	—	—	39	—	15
亮度比(不含灯具)		1.9	—	—	—	1.9	—	1.7
相关色温(K)		5 394	5 132	4 637	4 642	4 289	3 451	2 939
一般显色指数 R_a		82	83	84	84	84.3	86	83.3

表 3-13 会议室不同模式的光环境测试结果

参数		模式 1	模式 2	模式 5	模式 3	模式 4
光输出比		100%	60%	40%	50%	100%
输出功率(kW)		2.588	1.45	1.085	1.069	2.416
使用时长(h)		1	0.5	0.5	1	1
照度	作业面照度(lx)	741	479	322	355	762
	照度均匀度	0.7	0.9	0.9	0.9	0.9
	垂直照度(lx)	284	—	—	—	—
亮度(cd/m^2)	面板灯	1 584	876	639	647	1 456
	筒灯	17 040	6 140	8 260	7 770	19 640
	顶棚	29	18	11	14	30
	作业面	16	5	16	3	11
	墙面	29	17	9	13	28
	柱子	41	26	18	21	42
最大亮度比		3	5	2	7	4
相关色温		6 030	5 112	4 595	4 198	4 225
一般显色指数 R_a		84	85	85	86	86
特殊显色指数 R_9		15	19	2.3	25	24

表 3-14 大厅不同模式的光环境测试结果

参数		模式 1	模式 2	模式 3	模式 5	模式 4
		迎宾	唤醒	上班	午休/夜晚	节能
光输出比		100%	70%	50%	20%	30%
功率输出比		100%	63%	44%	44%	33%
输出功率(kW)		2.7	1.7	1.2	1.2	0.9
使用时长(h)		7	1	1	2	1.5
照度	地面照度(lx)	332	228	170	63	104
	照度均匀度	0.6	0.8	0.8	0.8	0.8
亮度(cd/m^2)	筒灯	20 600	10 510	8 330	4	3 970
	顶棚	31	19	15	6	10
	柱子	48	34	23	9	15
	墙面	59	32	24	8	14
	墙面	26	16	14	7	8
最大亮度比		2.3	2.1	1.7	1.5	1.9
相关色温		5 645	4 273	3 922	3 616	4 371
一般显色指数 R_a		82	84	84	86	84

表 3-15 走廊不同模式的光环境测试结果

走廊	模式 1	模式 2	模式 3
	迎宾	上班	节能
光输出比	100%	40%	15%
输出功率(kW)	0.32	0.128	0.048
使用时长(h)	1.5	7.5	0
地面照度(lx)	150	54	23
照度均匀度	0.85	0.88	0.56
相关色温(K)	5 945	3 980	3 497
一般显色指数 R_a	81	85	84

2. 节能率测试

1) 年基准照明耗电量

依据《绿色照明检测及评价标准》(GB/T 51268—2017),各场所的照明耗电量基准值如表 3-16 所示。

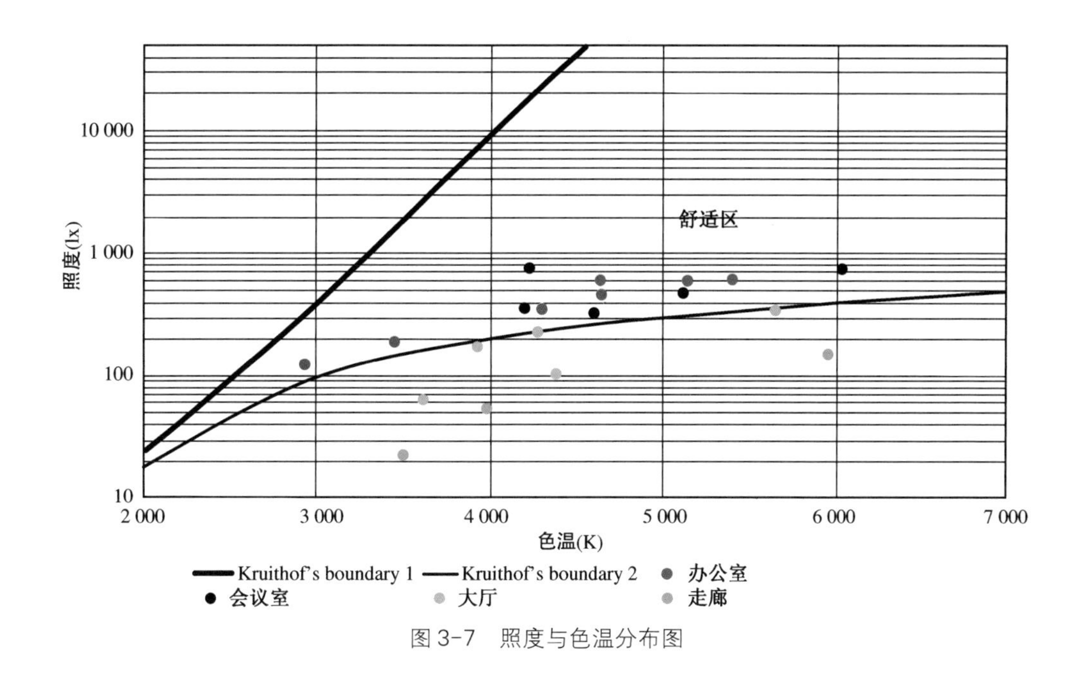

图 3-7 照度与色温分布图

表 3-16 年基准照明耗电量计算

场所名称	面积(m^2)	照度标准值(lx)	照明耗电量基准值[$kW·h/(m^2·a)$]	加权照明耗电量基准值[$kW·h/(m^2·a)$]
办公室	978.76	500	27.73	12.02
会议室	439.53	300	16.64	3.24
卫生间	108.00	100	4.05	0.19
走廊	731.65	100	7.20	2.33
综合	2 257.94	—	—	17.78

为了便于比较,这里只统计一层的照明耗电量数据。因此,年基准照明耗电量为 17.78 $kW·h/(m^2·a)$。

2）年照明耗电量实测值

表 3-17 实测照明耗电量数据 （单位：kW·h）

日期	9 楼	10 楼	11 楼	12 楼	13 楼
2019 年 7 月	2 942	931	1 091	847	1 065
2019 年 8 月	2 922	822	1 008	1 016	1 047
2019 年 9 月	3 104	810	1 082	774	1 120
2019 年 10 月	2 741	736	989	804	1 072

（续表）

日期	9楼	10楼	11楼	12楼	13楼
2019年11月	3 279	873	1 122	1 036	1 326
2019年12月	3 478	1 002	1 218	1 156	1 551
2020年1月	2 652	765	933	880	1 184
2020年2月	1 989	577	690	839	943
2020年3月	2 769	881	1 009	984	1 198
2020年4月	2 916	889	1 009	888	1 039
2020年5月	3 252	1 000	1 171	918	1 131
2020年6月	2 852	931	1 091	847	1 065
2020年7月	2 932	870	1 155	889	1 094
合计	37 828	11 087	13 568	11 878	14 835

其中,9层为改造楼层,作为对比使用。考虑2019年7月监测天数不全,故采用了2020年7月数据替代。

这里选择了耗电量最高的楼层13层,其全年耗电量为14 835 kW·h,即实测单位面积照明耗电量为6.57 kW·h。与年基准照明耗电量17.78 kW·h/(m^2·a)相比,节能率为63%。

3.3 江西省革命烈士纪念堂改造项目

3.3.1 示范项目概况

江西省革命烈士纪念堂为纪念馆建筑，属于照明改造项目，占地面积 1.7 万余 m^2，陈列大楼 3 层高 22 m，建筑面积 5 000 余 m^2，堂内设有前厅、序厅和 6 个展厅，展线约 700 m。本次改造楼层为陈列大楼，照明改造面积约 5 000 m^2。

图 3-8 江西省革命烈士纪念堂

该示范工程作为江西省首个按照最新版《博物馆照明设计规范》(GB/T 23863—2009)及绿色建筑标准进行改造的博物馆项目，具有重要的示范意义。同时，该工程为改造项目，对于既有建筑光环境与节能改造，具有重要的指导作用。

3.3.2 示范技术

1. 可调光调色温 LED 照明

基于安全、舒适、还原度高的照明设计理念，本项目采用了可调光调色温的 LED 照明系统，可实现光通量从 0～100% 动态调节，色温变化范围为 2 700～6 000 K。根据相关科研成果，基于光环境与视觉功效的因素，结合展品和展陈环境特点，调整不同展陈空间的亮度和色温，创造呈现效果好、舒适展陈光环境，同时考虑了展品对光的敏感度需求，以满足对展品的保护。

2. ZPLC 通信技术

ZPLC 通信技术系统控制原理：系统架构分为三层，手机（平板、电脑）打开 Web 页面，通过互联网（或局域网）向智能照明控制器系统主机（也称“网关”）下达指令，系统主机通过 2.4G 无线 MESH 网络方式将指令发送给智能开关，智能开关利用完全自主知识产权的 ZPLC 技术通过原有电力线对灯具下达指令，灯具中的解码器将接收到指令解析并做出动作。具体如图 3-9 所示。

3. 基于物联网的智能照明云平台

本项目的照明运行数据可通过物联网接入云平台。云平台可利用人数据分析的方法，基于大数据的智能照明系统控制策略算法的科研成果，为照明系统提供智能照明控制策略。

3.3.3 主要设备清单

本项目的主要设备清单如表 3-18 所示。

表 3-18 主要设备清单

产品名称	功率(W)	型号	数量	总功率(W)	色温(K)	显色指数	产品规格
智能 LED 调光调色温筒灯	18	HEUVAN(恒亦明)	54	972	2 700～5 700	80	尺寸 ϕ230×236 mm 开孔尺寸 ϕ190 mm
智能 LED 调光调色温球泡灯筒灯	5	HEUVAN(恒亦明)	90	450	2 700～5 700	80	5W

（续表）

产品名称	功率(W)	型号	数量	总功率(W)	色温(K)	显色指数	产品规格
智能 LED 调光调色温轨道射灯	12	HEUVAN(恒亦明)	150	1 800	2 700～5 700	80	24°
智能 LED 调光调色温轨道射灯	24	HEUVAN(恒亦明)	150	3600	2 700～5 700	80	12°
智能 LED 调光调色温轨道射灯	12	HEUVAN(恒亦明)	40	480	2 700～5 700	80	24°
智能 LED 调光调色温轨道射灯	24	HEUVAN(恒亦明)	40	960	2 700～5 700	80	12°
智能 LED 调光调色温轨道射灯	30	HEUVAN(恒亦明)	15	450	2 700～5 700	80	10°～70°变焦
智能 LED 调光调色温轨道射灯	36	HEUVAN(恒亦明)	16	576	2 700～5 700	80	铲型
智能 LED 调光调色温灯管	6	HEUVAN(恒亦明)	20	120	2 700～5 700	80	T5 600
智能 LED 调光调色温灯管	3	HEUVAN(恒亦明)	20	60	2 700～5 700	80	T5 300
智能 LED 调光调色温灯管	10	HEUVAN(恒亦明)	120	1 200	2 700～5 700	80	T5 1200
照明控制器(设备)	1.5	HEUVAN(恒亦明)	23	34.5	—	—	86 底盒安装
感应探头	1	HEUVAN(恒亦明)	22	22	—	—	红外＋雷达
能源管理模块	2	HEUVAN(恒亦明)	2	4	—	—	50A/1.0 级
遥控器	—	HEUVAN(恒亦明)	22	—	—	—	无线
设置遥控器	—	HEUVAN(恒亦明)	1	—	—	—	44 键
智能照明控制器(网关)	7	HEUVAN(恒亦明)	1	7	—	—	64 点
安装总功率(W)	10 668＋67.5						

3.3.4 示范项目总体评价

1. 光环境测试

现场选取展厅进行测试，测试结果如表 3-19 所示。

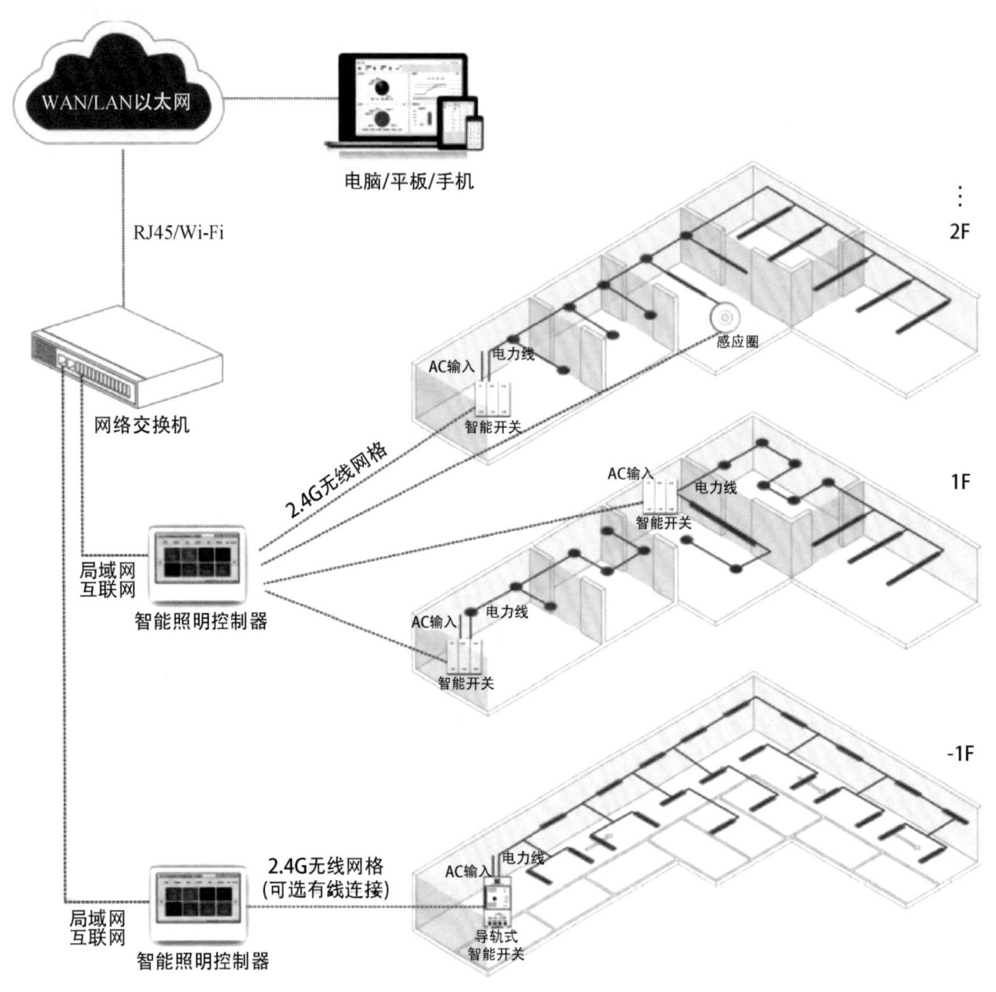

图 3-9　ZPLC 系统架构图

表 3-19　现场光环境测试结果

检验场所	检验项目	标准值	检验值
展厅	水平照度平均值 E_{have}(lx)	≥200	240
	水平照度均匀度 U_0	≥0.6	0.8
	色温(K)	—	4 201
	一般显色指数 R_a	≥80	86
	照明功率密度 LPD(W/m^2)	≤7.0	4.0

从表 3-19 中可以看到，测试结果均显著优于标准要求。同时，对不同模式下的光环境参数进行测试，测试结果如表 3-20 所示，照度与色温分布如图 3-10 所示。

表 3-20 不同模式下的光环境参数

参数		模式 1	模式 2	模式 3	模式 4
		布展	清扫	展览	值班
光输出比		100%	70%	50%	20%
功率输出比		100%	63%	44%	44%
输出功率(kW)		2.7	1.7	1.2	0.9
使用时长(h)		2	1	6	1
照度	地面照度(lx)	332	228	170	63
	照度均匀度	0.6	0.8	0.8	0.8
亮度(cd/m^2)	筒灯	20 600	10 510	8 330	4
	顶棚	31	19	15	6
	柱子	48	34	23	9
	墙面	59	32	24	8
	墙面	26	16	14	7
最大亮度比		2.3	2.1	1.7	1.5
相关色温		5 645	4 273	3 922	3 616
一般显色指数 R_a		82	84	84	86

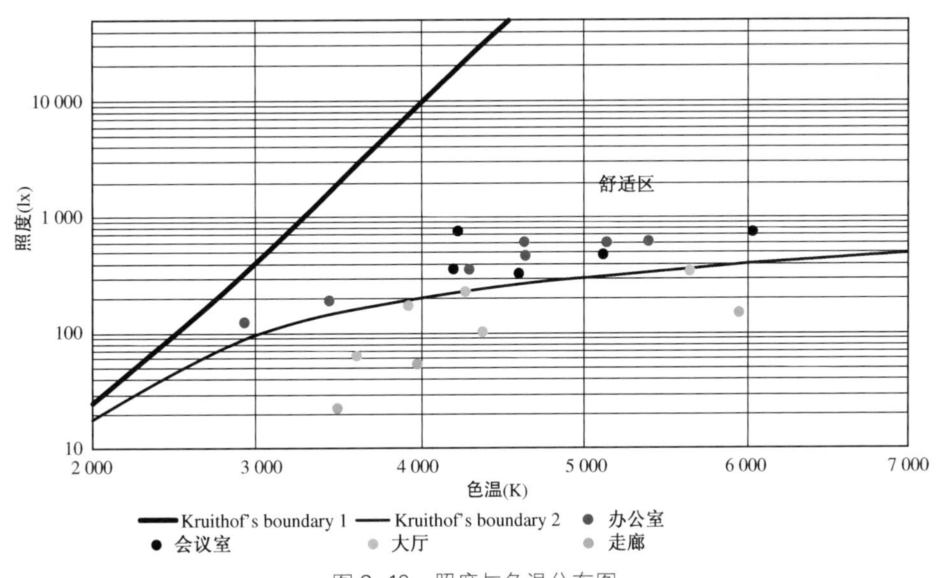

图 3-10 照度与色温分布图

2. 节能率测试(表 3-21)

表 3-21　展厅不同模式的光环境测试结果

序号	原有灯具	数量	额定功率(W)	总功率(W)
1	金卤射灯	618	36	22 248
2	筒灯	34	56	1 904
3	应急灯	71	18	1 278
4	600 mm×600 mm 吊顶扣荧光灯	40	42	1 680
5	T5 1200 一体化荧光灯管	115	16	1 840
功率合计(W)		28 950		
改造后功率合计(W)		10 735. 5		
照明综合节能率		63%		

3.4 北京工业大学绿色建筑技术中心办公楼改造项目

3.4.1 示范项目概况

北京工业大学绿色建筑技术中心办公楼为办公建筑示范工程，位于北京市朝阳区平乐园 100 号。该示范工程属于改造项目。整栋楼地上三层为办公区域、地下一层为人防预留空间，地上高度 12.15 m，地上建筑总面积 1 850 m^2。主体功能分区涵盖办公室、会议室、走廊、卫生间等公共区域，示范工程为办公楼地上三层的办公室、会议室、走廊、卫生间、报告厅和门厅，照明改造面积约 1 730 m^2。

图 3-11　北京工业大学绿色建筑技术中心办公楼

3.4.2 示范技术

1. 可调光调色温 LED 照明

基于健康照明的设计理念，本项目的所有改造范围均采用亮度色温可调节的 LED 照明光源，可实现光通量从 0～100%动态调节，色温变化范围为 2 700～6 000 K，使光源的变化满足多样性的使用需求，有效改善光环境。根据“健康照明评价技术体系”和“人基动态光环境实施关键技术”，考虑人体生物节律，在办公空间实现动态光环境调节，并考虑人眼垂直照度的需求。

2. ZPLC 通信技术

ZPLC 通信技术集合五大核心技术：安全可靠性技术、大数据控制策略技术、行为模式数学模型技术、标准接口技术、新型电力通信技术；三步实现智能化，加速推动公共建筑照明行业革新，其中光源层采用新型电力通信技术，免布控制线，结合行为模式数学模型技术实现全系列光源亮度、色温精准调节；设备层执行系统各项控制管理功能，无需总线，设备自动路由、自动组网；网关层接入互联网，支持远程控制访问，数据安全可靠，可与楼宇自动系统兼容。该系统是基于物联网区块链分布式架构的新型智能照明系统，系统无中心控制计算机和总线，系统网络是一个完全对等的分布式网络，其总线网络拓扑采用子网、设备两层结构，设备层下设光源层；子网采用去中心化系统设计，即每个子网网关为独立嵌入式 Web 服务器，配置有标准网络接口，支持并兼容 HTML5 协议标准，具有独立的 Web 交互界面、数据库、BA 数据接口、设备控制接口等。系统软件层设置虚拟控制中心，创建虚拟控制中心账户及权限数据表、共享数据表等，用户可使用 Web 浏览器通过 HTTP 接口登录任意网关在虚拟控制中心下对整个系统进行集中控制管理、数据存储、数据输入输出等功能，系统也可脱离互联网在局域网内运行。

3. 基于物联网的智能照明云平台

本项目的照明运行数据与用户调控行为数据可通过物联网接入云平台，收集不同采光、时间等条件下的用户行为数据。通过耗电量采集及人员对灯具调节的特征，评估并优化时序控制、区域控制等控制策略，实现主观舒适与节能的耦合，以达到行为节能的效果，并指导光环境主客观综合评价。在云平台控制 LED 时，能够快速响应、及时调节。照明云平台可以通过内网和外网对照明设备和传感器进行监测，也可以用于调控二维码的制作，为分析用户行为提供基础，有利于设置符合用户需求的场景模式，便于之后更加快速地调节。

表 3-22 主要设备清单

产品名称	能耗等级	功率(W)	型号	数量	总功率(W)	色温(K)	显色指数	产品规格	安装区域
智能 LED 调光调色温筒灯	1 级	5	HEUVAN(恒亦明)	22	110	2 700~5 700	80	尺寸 ϕ 115×118 mm 开孔尺寸 ϕ 95 mm	实验室
智能 LED 调光调色温筒灯	1 级	8	HEUVAN(恒亦明)	48	384	2 700~5 700	80	尺寸 ϕ 86×78 mm 开孔尺寸 ϕ 75 mm	卫生间
智能 LED 调光调色温筒灯	1 级	12	HEUVAN(恒亦明)	100	1 200	2 700~5 700	80	尺寸 ϕ 115×118 mm 开孔尺寸 ϕ 95 mm	办公室
智能 LED 调光调色温灯管	1 级	8	HEUVAN(恒亦明)	20	160	2 700~5 700	80	T8 600	办公室
智能 LED 调光调色温灯管	1 级	16	HEUVAN(恒亦明)	170	2 720	2 700~5 700	80	T8 1200	办公室
智能 LED 调光调色温灯带	1 级	105	HEUVAN(恒亦明)	20	2 100	2 700~5 700	80	20 m/卷	报告厅
智能 LED 调光调色温嵌入式背发光面板灯	1 级	36	HEUVAN(恒亦明)	6	216	2 700—5 700	80	1 195×2 958×35	走廊
智能 LED 调光调色温沿边弹簧式背发光面板灯	1 级	36	HEUVAN(恒亦明)	12	432	2 700~－5 700	80	1 208×308×35	走廊
智能 LED 调光调色温吸顶灯	1 级	10	HEUVAN(恒亦明)	43	430	2 700~5 700	80	280×80	门厅
智能 LED 调光调色温双头斗胆灯	1 级	24	HEUVAN(恒亦明)	27	648	2 700~5 700	80	24°	报告厅
智能 LED 调光调色温轨道射灯	1 级	12	HEUVAN(恒亦明)	14	168	2 700~5 700	80	245 mm×115 mm	门厅
导轨式智能开关			HEUVAN(恒亦明)	34					
感应探头			HEUVAN(恒亦明)	25					
智能照明控制器			HEUVAN(恒亦明)	3					
总安装功率(W)	8 568								

3.4.3 主要设备清单

本项目的主要设备清单如表 3-22 所示。

3.4.4 示范项目总体评价

1. 光环境测试

现场选取办公室、会议室、报告厅以及电梯前厅进行测试，测试结果如表 3-23 所示。

表 3-23 光环境测试

检验场所	检验项目	标准值	检验值
办公室 1	水平照度平均值 E_{have}(lx)	≥300	325
	水平照度均匀度 U_0	≥0.6	0.9
	色温(K)	—	4 186
	一般显色指数 R_a	≥80	86
	特殊显色指数 R_9	>0	24
	照明功率密度 LPD(W/m²)	≤15.0	3.2
办公室 2	水平照度平均值 E_{have}(lx)	≥300	388
	水平照度均匀度 U_0	≥0.6	0.8
	色温(K)	—	4 051
	一般显色指数 R_a	≥80	87
	特殊显色指数 R_9	>0	28
	照明功率密度 LPD(W/m²)	≤9.0	7.2
会议室	水平照度平均值 E_{have}(lx)	≥300	563
	水平照度均匀度 U_0	≥0.6	0.8
	色温(K)	—	4 087
	一般显色指数 R_a	≥80	92
	特殊显色指数 R_9	>0	54
	照明功率密度 LPD(W/m²)	≤9.0	9.0

(续表)

检验场所	检验项目	标准值	检验值
报告厅	水平照度平均值 E_{have}(lx)	≥300	552
	水平照度均匀度 U_0	≥0.6	0.8
	色温(K)	—	3 939
	一般显色指数 R_a	≥80	86
	特殊显色指数 R_9	>0	24
	照明功率密度 LPD(W/m²)	≤9.0	8.7
电梯前厅	水平照度平均值 E_{have}(lx)	≥100	156
	水平照度均匀度 U_0	≥0.4	0.9
	色温(K)	—	4 150
	一般显色指数 R_a	≥60	86
	照明功率密度 LPD(W/m²)	≤4.0	2.4

从表 3-23 中可以看到,各项指标参数均显著优于标准要求。

2. 节能率测试

1) 年基准照明耗电量

本次监测范围为部分学生办公室、教师办公室、会议室、卫生间和走廊。依据《绿色照明检测及评价标准》(GB/T 51268—2017),各场所的照明耗电量基准值如表 3-24 所示。

表 3-24 年基准照明耗电量计算

场所名称	面积(m²)	照度标准值(lx)	照明耗电量基准值[kW·h/(m²·a)]	加权照明耗电量基准值[kW·h/(m²·a)]
学生办公室	215	300	16.71	2.90
教师办公室	364	500	27.73	8.16
会议室	82	300	16.64	1.10
卫生间	113	150	2.36	0.22
走廊	463	100	4.5	1.68
合计	1 237	—	—	14.06

2）实测值(表 3-25)

表 3-25 实测照明耗电量数据 （单位：kW・h)

日期	一层	二层	三层
2021.4.1	8.0	10.7	5.2
2021.4.2	9.2	9.3	4.3
2021.4.3	2.9	7.3	0.2
2021.4.4	3.3	7.6	0
2021.4.5	5.1	8.1	0.3
2021.4.6	7.9	11.8	2.9
2021.4.7	7.0	10.6	1.4
2021.4.8	8.9	10.5	0
2021.4.9	6.9	8.9	3.0
2021.4.10	5.3	6.5	0.7
2021.4.11	4.1	6.1	0.1
2021.4.12	7.2	10.1	1.9
2021.4.13	8.1	9.1	4.0
2021.4.14	8.9	9.4	1.5
2021.4.15	9.5	8.9	1.7
2021.4.16	8.7	8.7	3.0
2021.4.17	4.9	7.3	0.5
2021.4.18	6.3	7.4	0.9
2021.4.19	8.4	10.0	2.4
2021.4.20	9.8	10.4	3.7
2021.4.21	8.6	9.6	4.9
2021.4.22	7.3	7.6	3.2
合计	156.3	195.9	45.8

在系统调试后，对一层、二层和三层统计了 2021 年 4 月 1 日至 4 月 22 日共 22 天的照明能耗数据，其耗电量分别为 156.3 kW・h、195.9 kW・h 和 45.8 kW・h，按年使用 250 天计算，可得到测试区域全年的耗电量为 4 523 kW・h。因此，全楼除实验室与报告厅外，照明系统综合年节能率为 74.0%（表 3-26）。

表 3-26　照明实际年节能率

场所名称	年耗电量(kW・h)	单位面积耗电量[kW・h/(m^2・a)]	年节能率
大厅、办公室、会议室、卫生间、走廊	4 523	3.66	74.0%

附　录
绿色公共建筑光环境相关标准

1.《绿色建筑评价标准》(GB/T 50378—2019)
2.《建筑照明设计标准》(GB 50034—2013)
3.《绿色照明检测及评价标准》(GB/T 51268—2017)
4.《公共建筑节能设计标准》(GB 50189—2015)
5.《智能建筑设计标准》(GB/T 50314—2015)
6.《博物馆照明设计规范》(GB/T 23863—2009)
7.《建筑设计防火规范》(GB 50016—2018)
8.《供配电系统设计规范》(GB 50052—2009)
9.《低压配电设计规范》(GB 50054—2011)
10.《均匀色空间和色差公式》GB/T 7921—2008)
11.《灯和灯系统的光生物安全性》(GB/T 20145—2006)
12.《建筑装饰装修工程质量验收标准》(GB 50210—2018)
13.《建筑电气安装工程施工质量验收规范》(GB 50303—2015)
14.《通风与空调工程施工质量验收规范》(GB 50243—2016)
15.《城市夜景照明设计规范》(JGJ/T 163—2008)
16.《民用建筑电气设计规范》(JGJ 16—2008)
17.《住宅室内装饰装修设计规范》(JGJ 367—2015)
18.《玻璃幕墙工程质量检验标准》(JGJ/T 139—2020)
19.《健康建筑评价标准》(T/ASC 02—2016)
20.《LED 照明闪烁的潜在健康影响》(IEEE PAR 1789:2013)
21.《WELL 健康建筑标准》